AF746150

UNE TERRE À CULTIVER

© L'Harmattan, 2004
ISBN : 2-7475-6269-7
EAN : 9782747562690

Philippe PRÉVOST

UNE TERRE À CULTIVER

Pour un contrat agriculturel

Préface de
Edgard PISANI

Postface de
Pierre RABHI

L'Harmattan
5-7, rue de l'École-Polytechnique
75005 Paris
FRANCE

L'Harmattan Hongrie
Hargita u. 3
1026 Budapest
HONGRIE

L'Harmattan Italia
Via Bava, 37
10214 Torino
ITALIE

Biologie, Ecologie, Agronomie

Collection dirigée par Richard Moreau
professeur honoraire à l'Université de Paris XII,
correspondant national de l'Académie d'Agriculture de France

Cette collection rassemble des synthèses, qui font le point des connaissances sur des situations ou des problèmes précis, des études approfondies exposant des hypothèses ou des enjeux autour de questions nouvelles ou cruciales pour l'avenir des milieux naturels et de l'homme, et des monographies. Elle est ouverte à tous les domaines des Sciences naturelles et de la Vie.

Déjà parus

LÉONARD Jean-Pierre, *Forêt vivante ou désert boisé*, 2004.
DU MESNIL DU BUISSON François, *Penser la recherche scientifique : l'exemple de la physiologie animale*, 2003.
MERIAUX Suzanne, *Science et poésie. Deux voies de la connaissance*, 2003.
LE GAL René, *Pour comprendre la génétique. La mouche dans les petits pois*, 2003.
ROQUES Nathalie, *Dormir avec son bébé*, 2003.
BERNARD-WEIL Elie, *Stratégies paradoxales en bio-médecine et sciences humaines*, 2002.
GUERIN Jean-Louis, *Jardin d'alliances pour le XXIè siècle,* 2002.
VINCENT Louis-Marie, NIBART Gilles, *L'identité du vivant ou une autre logique du vivant*, 2002.
HUET Maurice, *Quel climat, quelle santé ?,* 2002.
ROQUES Nathalie, *Au sein du monde. Une observation critique de la conception moderne de l'allaitement maternel en France,* 2001.
ROBIN Nicolas, *Clônes, avez-vous donc une âme ?*, 2001.
BREDIF Hervé, BOUDINOT Pierre, *Quelles forêts pour demain ? Eléments de stratégie pour une approche rénovée du développement durable*, 2001.
LAMBERT Denis-Clair, *La santé, clé du développement économique. Europe de l'Est et Tiers Mondes*, 2001.
DECOURT Noël, *La forêt dans le monde*, 2001.
DE FELICE Pierre, *L'effet de serre. Un changement climatique annoncé,* 2001.
HÉNIN Stéphane, *De la méthode en Agronomie,* 1999.
DE FELICE Pierre, *La pluie au Sahel,* 1999.
TOUCHARD Laurent, LETOLLE René, *Grands lacs d'Asie,* 1998.
LETOLLE René, BENDJOUDI Hocine. *Histoire d'une mer au Sahara. Utopies et politique*, 1998.

Comme la terre est la mère commune et nourrice du genre humain, et tout homme désire de pouvoir y vivre commodément : de mesme, il semble que la Nature ait mis en nous une inclination à honorer et faire cas de l'agriculture, pour ce qu'elle nous apporte libéralement abondance de tout ce dont nous avons besoin pour notre nourriture et entretenement.

Olivier de Serres,
Le Théâtre d'agriculture et mesnage des champs,
(1ère édition en 1600)
Actes Sud, 2001.

Préface

Philippe Prévost dirige l'Etablissement Public d'Enseignement Agricole Olivier de Serres, en Ardèche. Il a su en faire un centre de formation permanente, un foyer culturel, un lieu de rencontre ouvert à tous. Ainsi se révèle-t-il fidèle à l'esprit qui a, dans les années 1960, justifié et orienté un système d'enseignement ne relevant pas du Ministère de l'Éducation Nationale. Alors que, modernisation, planification et politique agricole européenne aidant, il n'était plus suffisant, voire nécessaire, d'être né dans une ferme pour être un bon agriculteur, la loi a créé un ensemble pédagogique où les ruraux seraient chez eux à la condition qu'ils n'y soient pas seuls et que les leçons reçues ne les enferment pas dans le métier de leurs parents. Collèges et lycées privilégiaient le biologique mais ne s'y tenaient pas. Ainsi se sont épanouies, filles et garçons, des générations qui ont fait la *révolution verte* et ont, tant bien que mal, refusé la *fin des paysans*.

Le livre est bien fait pour son public mais il va loin au-delà. Partant de la lointaine histoire où le survivre imposait ses disciplines, il raconte comment l'homme a maîtrisé l'eau et conduit l'évolution des espèces vivantes, celles, du moins, dont il avait besoin, puis comment la croissance des besoins l'a conduit à forcer la nature au risque de la perdre. Il analyse fort bien les effets combinés du marché et de la techno-science et met en lumière les risques que nous courons. Il plaide pour une nouvelle alliance, contre une artificialisation de notre subsistance et il a le mérite de situer le problème au niveau de l'éthique et de la culture. Il nous place devant un choix existentiel et essentiel. Le livre est donc un manifeste en faveur du vivant qu'il a raison de sacraliser.

Mais j'ai aussi lu l'ouvrage de Philippe Prévost comme je prends toujours plaisir à la lecture de ce qu'on appelait jadis le livre du maître. Destiné aux instituteurs, il leur apprenait beaucoup plus que ce qui leur était nécessaire, leur permettant ainsi d'enseigner l'esprit du sujet autant que les détails techniques qui l'illustraient. En le lisant, je me suis surpris à rêver : que voilà un magnifique livre du maître dont tous les instituteurs urbains, tous les instituteurs de tout notre pays pourraient tirer un immense profit ! Je me suis alors rappelé une enquête qui, réalisée il y a trente ou quarante ans dans les écoles primaires d'un quartier de Paris, avait révélé que plus de la moitié des enfants n'avaient jamais vu, de leurs yeux vu, d'autres animaux que les chiens et les chats du voisin ou les chevaux de la Garde Républicaine ! En fait, nous n'enseignons pas la vie elle-même mais ses manifestations saisies et distillées par ce qu'on appelait jadis *leçons de choses* et qu'on dénomme aujourd'hui, sciences naturelles. Il suffirait que le livre soit lu par tous les enseignants pour qu'il en reste des traces dans ce que nos enfants doivent apprendre à respecter.

Le livre de Philippe Prévost dit que l'agriculture est la base de notre civilisation. Il explique pourquoi et comment, il faut, aujourd'hui, respecter la vie. C'est si rare !

Edgard Pisani

Car le jour viendra – à moins que l'homme ne se suicide – où une société nouvelle fera sa place au paysan, au travailleur, à l'artiste et au penseur.

Théodore Monod,
Le chercheur d'absolu,
Le Cherche-Midi, 1997.

Issu d'une famille d'agriculteurs, j'ai vécu, comme tous ceux de ma génération, ce dilemme entre, d'une part, les bienfaits de la technologisation de l'agriculture (diminution de la pénibilité du travail, augmentation du revenu, diminution du coût des aliments, autosuffisance alimentaire de l'Europe…) et d'autre part, les dégâts occasionnés (artificialisation des aliments, destruction des paysages, pollutions des eaux, diminution de la moitié d'agriculteurs à chaque génération…).
Avec désormais moins de 5% d'agriculteurs, la France a ainsi presque rattrapé les pays qui ont fait le choix délibéré d'une agriculture industrielle depuis longtemps. On a le sentiment que le paysan n'a plus sa place dans notre société et que sa disparition totale est inéluctable, au profit d'entreprises industrielles toujours plus avancées sur le plan technologique. Sans qu'il soit pour moi question de renier la science et la technologie, qui ont un rôle à jouer dans le progrès humain, il est indispensable de les replacer au service des objectifs sociétaux.
Je ne peux supporter cette destruction définitive, qui ressemble à un génocide, et qui risque par ailleurs de se reproduire avec bien plus de dégâts dans tous les pays du monde où les paysans représentent encore plus de la moitié de la population. Pour moi, cette disparition entraînerait une perte de *biodiversité culturelle* d'autant plus déstructurante que le monde paysan représente l'origine de bon nombre de nos valeurs.
Je milite donc pour que notre agriculture s'oriente dans une autre voie, aussi puissamment qu'elle s'est engagée dans le productivisme en 1960. C'est une voie où les agriculteurs sont reconnus pour gérer à la fois la nature et le vivant, afin de produire des biens qui ont un sens tout particulier pour les êtres

humains que nous sommes : ils nous nourrissent et ils nous raccrochent au monde vivant et à la nature.
Ce nouveau projet agricole nous concerne donc tous, et chacun d'entre nous doit prendre conscience de sa propre responsabilité dans un laisser-faire politique, économique, technologique, social et culturel.

L'objet de ce livre est donc de rappeler les fondements de l'agriculture, et de proposer une alternative à la voie industrielle de l'agriculture. Nous l'appelons la voie agriculturelle[1]. Ce terme réunit ce qu'a toujours été l'agriculture : une activité de gestion humaine de la nature, une activité qui a élaboré des pratiques innovantes à toutes les époques, une activité qui a su répondre aux besoins de développement des civilisations. Mais il permet aussi de porter un nouveau regard sur l'agriculture : une activité riche d'un patrimoine à connaître, une activité support du socle commun de valeurs à transmettre à tous les citoyens, une activité créatrice de biens matériels ou immatériels, qui sont reconnues de service public.

L'auteur remercie toutes les personnes qui l'ont encouragé et ont contribué à la réalisation de cet ouvrage. Mais un merci tout particulier va à Lionel Ehrard pour son soutien et sa collaboration.

---

[1] Cette expression est reprise de la notion de patrimoine agriculturel, créée par D.Menu et B.Duclos lors du colloque *A propos du patrimoine agriculturel*, au Domaine Olivier de Serres – novembre 1997. Mais elle est reprise dans cet ouvrage dans une acception encore plus large, pour couvrir l'ensemble de l'activité agricole.

Avant-propos

Allons-nous abandonner nos territoires à cette solitude, allons-nous continuer à entretenir des routes où on ne circule guère, ou allons-nous imaginer un nouveau pacte entre le monde agricole et le monde rural et la société toute entière, pour que ces territoires vivent et qu'ils soient entretenus. Le paysan, l'agriculteur comprendra-t-il qu'il n'est pas indigne de lui d'être le jardinier et le veilleur de nos territoires. Il a cru, par héritage, qu'il était comme le bras séculier, comme le complice du Créateur, en donnant au Monde son pain quotidien. Il a l'impression que cette fonction lui échappe un peu et il se désespère. Il faut qu'il apprenne que, par nécessité, par ambition, par souci de l'avenir, son rôle est aussi d'entretenir le corps vivant de la Planète, le corps vivant de notre pays.

Edgard Pisani,
Discours inaugural du Salon du livre en espace rural,
21 avril 2001,
Domaine Olivier de Serres – Le Pradel – Ardèche.

Quand la mémoire collective fait défaut dans une société, chacun sait les drames humains que cela peut engendrer…
L'agriculture française est aujourd'hui dans cette situation paradoxale d'une activité à forte valeur symbolique (usage de la terre, nourriture des hommes) que de moins en moins de citoyens connaissent. Il est regrettable que seule une succession de crises sanitaires ait provoqué la prise de conscience des consommateurs, et ait mis en évidence l'ignorance quasi générale des fondements de l'activité agricole.

Il est bien difficile de comprendre l'ampleur du débat sur le rôle de l'agriculture et de l'agriculteur si nous ne retraçons pas l'histoire de cette activité. Lorsque nous analysons l'histoire des sociétés humaines depuis la naissance de l'agriculture, c'est-à-dire depuis la période néolithique, il y a environ dix mille ans, nous pouvons rapidement admettre que les quarante dernières années que nous venons de vivre ne sont qu'une petite parenthèse de l'histoire. Pendant cette dernière période, nous avons voulu croire, de manière très scientiste et positiviste, que l'activité agricole pouvait se régir comme les autres activités industrielles. Il y a seulement eu *croyance* que le duo science-technologie était la seule réponse à l'amélioration de cette activité au sein de la société. L'agriculteur a cru bon de suivre les innovations techniques en oubliant certaines pratiques séculaires, et l'homme politique a abandonné au pouvoir économique national, européen puis mondial, le soin de gérer l'activité agricole. A présent, les différentes crises agricoles rendent l'agriculteur coupable aux yeux des citoyens. Les excès de l'agriculture productiviste sont condamnables, mais l'agriculteur est le seul accusé, le seul à ne plus vendre ses produits et à ne plus croire en l'avenir de son métier. Dans les années 1960, la cohérence entre le politique, la recherche, la formation et le développement agricole était telle que les agriculteurs avaient toutes les raisons de croire au progrès proposé. L'agriculteur doit donc retrouver sa dignité.

Bien qu'ayant été le Ministre de l'Agriculture qui a favorisé le développement de l'agriculture moderne dans les années 1960, Edgard Pisani[2] nous avertit qu'il va falloir imaginer un nouveau pacte entre l'agriculture et la société.

En effet, l'agriculture peut, et devrait être considérée comme une activité de production différente des activités industrielles.

Certes, depuis la période du Néolithique, l'évolution de l'activité agricole est principalement le fait du progrès technique, issu de l'invention des hommes et du développement économique. Cependant, il faut se rappeler plusieurs aspects de l'activité agricole qui tendraient à tomber dans l'oubli.

---

[2] Edgard Pisani a été parmi les premiers hommes politiques à remettre en question le mode productiviste de production agricole, du fait des conséquences néfastes sur l'environnement et de la surproduction agricole dès les années 1975.

Tout d'abord, l'agriculture est, avec la médecine, une des rares activités ayant pour support le monde vivant. A partir du sol, milieu vivant, elle produit des végétaux, puis des animaux. Or, le vivant ne se gère pas comme la matière inerte. La capacité d'auto-organisation des systèmes vivants fait que l'agriculteur ne maîtrise pas complètement la chaîne de fabrication. Il doit s'adapter à cette capacité d'auto-organisation, en adoptant des pratiques agricoles qui permettent aux êtres vivants d'exprimer leurs potentialités. Durant les derniers siècles, la technologie agricole était tellement peu élaborée, et la nécessité d'augmenter la production agricole était si prégnante, que l'agriculteur devait exploiter la nature pour en tirer le maximum de profit. Cette exploitation de la nature se faisait de manière très durable, parce que la terre devait être préservée dans sa fertilité, pour continuer à produire à long terme. Par contre, le développement de la chimie et de la mécanisation a entraîné progressivement une nouvelle représentation du milieu de culture, celui-ci devenant outil de production et support physique de la plante. Le concept de sol-milieu vivant a été remplacé par le concept de sol-substrat, et les grands équilibres écologiques ont été oubliés, puisqu'ils n'étaient plus nécessaires à la productivité, en particulier du fait de la lutte préventive systématique contre les ennemis des cultures. Avec la mise en évidence des pollutions d'origine agricole et du rôle néfaste des produits chimiques dans l'alimentation, l'exploitant agricole est alors apparu comme, non plus l'exploitant, mais l'exploiteur de la Nature. Les agriculteurs ont pourtant, dans leur majorité[3], conservé *l'esprit de gestion en bon père de famille* et ils ont le souci permanent de leur terre-patrimoine. Puisque les besoins de la société et les technologies ont changé, l'agriculteur doit redevenir le partenaire de la Nature, et non pas garder cette image d'exploiteur. Pour cela, il doit changer de pratiques, dans le but de montrer que le rôle d'exploitation de la Nature qui a toujours été le sien se fait dans un souci de préservation des ressources naturelles. Certes, les abus ont existé et existent encore, mais ils sont le fait d'une minorité et notre société doit

[3] Les études portant sur le comportement des agriculteurs montrent l'importance qu'ils attachent à la préservation de la fertilité de leur sol.

retrouver confiance en son agriculture, par la prise de conscience du respect de la chaîne du vivant, de l'agriculteur au consommateur.

Par ailleurs, cette approche de l'agriculture ne relève pas de la seule agronomie. Du fait que l'agriculture a pour support le vivant, l'approche économique de l'activité agricole ne peut pas être envisagée comme les autres activités industrielles. Pour preuve, c'est l'approche industrielle (la production de biens matériels à partir de matières premières) qui a engendré les dérives que nous avons pu constater dans l'agriculture moderne.

Parce que, dans l'industrie, les facteurs de production doivent être le moins limitants possible, il s'est développé en agriculture des techniques visant à ne plus dépendre des aléas climatiques ou de l'hétérogénéité des conditions de production : cultures et élevages hors-sol, sélection génétique et utilisation des variétés de plantes et des races d'animaux les plus stables génétiquement, cultures sous serres, traitements anti-parasitaires systématiques de manière préventive, etc. Cela a entraîné la diminution de la biodiversité, les pollutions nitriques, la pollution par les résidus de pesticides, l'homogénéisation de la saveur des produits agricoles…

Parce que, dans l'industrie, la production doit être normalisée pour fournir au client la garantie d'un produit stable, il s'est développé dans le secteur agro-alimentaire des procédés favorisant la standardisation des produits, qu'ils soient ou non transformés. Cela a entraîné une artificialisation de l'aliment et une réduction de la palette des goûts des produits, mais aussi la volonté de supprimer certains aliments, pour lesquels la technologie n'est pas facilement maîtrisable (exemple : les fromages au lait cru).

Si la société souhaite aujourd'hui une agriculture qui respecte la chaîne du vivant, il faudra bien donc, tôt ou tard, que l'économie agricole ne soit plus seulement industrielle, mais qu'elle prenne en compte les aléas de la Nature. Les risques climatiques, les risques parasitaires, les risques de non-concordance de l'offre et de la demande sur le marché, sont à reconsidérer et à intégrer dans une économie agricole respectueuse de la chaîne du vivant. Ces risques de la production et de la commercialisation ne peuvent pas aujourd'hui, en économie libérale, être assumés par les seuls agriculteurs, compte tenu des investissements nécessaires en agriculture et de la faible valeur ajoutée des produits agricoles, relativement aux autres secteurs d'activité de notre société post-industrielle.

De plus, si l'activité agricole est et reste une activité marchande, elle est aussi ménagère[4]. La fonction d'aménagement de l'agriculture a été oubliée pendant ces dernières décennies, en dehors des aménagements nécessaires au développement de la mécanisation (remembrement du parcellaire communal, suppression des haies...). Cette mécanisation a engendré l'abandon progressif des zones rurales peu propices à l'agriculture intensive, avec les conséquences que l'on sait : fermeture des paysages, augmentation des incendies, dégradation du patrimoine (terrasses, canaux d'irrigation...), exode rural, etc. Quant aux zones propices à l'agriculture intensive, le paysage s'est transformé en de vastes plaines ou plateaux, découpés en grandes parcelles dénudées.

Aujourd'hui, la loi d'orientation agricole de 1999 en France reconnaît enfin cette fonction, avec la volonté d'une politique de multifonctionnalité de l'agriculture et d'un renforcement du lien entre agriculture et territoire. Par la signature d'un contrat avec l'État, l'agriculteur va s'engager à assumer des fonctions sociales de gestion de l'espace, ou d'autres services, et des fonctions environnementales.

Cette évolution va forcément engendrer un renouvellement du métier d'agriculteur. Même si celui-ci vit mal cette évolution, parce qu'il croit ne plus être nécessaire à nourrir les hommes, ce nouveau rôle va faire évoluer à la fois la représentation que l'agriculteur a de lui-même et la représentation que le citoyen a de l'agriculteur.

Enfin, l'activité agricole a la particularité d'être fortement liée à la culture d'une société. Les pratiques agricoles sont, depuis que l'agriculture existe, le résultat de l'invention des hommes en fonction des conditions naturelles de leur lieu de vie. C'est pour cela que l'on parle toujours aujourd'hui des terroirs, des pratiques agricoles locales, de savoir-faire locaux, de traditions

---

[4] Cette expression est empruntée au Manifeste du groupe de Seillac, *Pour une agriculture marchande et ménagère* , Edgard Pisani, L'Aube, 1994. L'expression est ancienne, puisqu'Olivier de Serres a publié en 1600 son ouvrage *Théâtre d'Agriculture et Mesnage des champs* .

culinaires... Ainsi, en dehors de la nostalgie des pratiques anciennes plus ou moins oubliées, il existe un patrimoine culturel moderne dans l'activité agricole, que ce soit dans les pratiques d'élevage ou de culture, les pratiques de transformation des produits agricoles, les pratiques d'aménagement de l'espace, ou même dans les pratiques de services (accueil, tourisme) des agriculteurs. Les pratiques agricoles sont encore et toujours des pratiques liées aux conditions naturelles et culturelles.

Faudrait-il alors pour autant envisager de promouvoir une exception agricole dans le commerce mondial, comme il est revendiqué une exception culturelle dans le système marchand ? Non, car les biens agricoles sont d'abord alimentaires, et la libre circulation des produits de base est une nécessité pour nourrir tous les humains. Mais la dimension culturelle de l'activité agricole est à prendre en compte, car la diversité est encore aujourd'hui la richesse de l'agriculture moderne.

Une nouvelle agriculture est donc à inventer.

Cette agriculture doit retrouver une place dans notre société qui ne sera pas celle du passé, parce que, chez nous, la proportion d'agriculteurs restera faible, parce que la production de biens alimentaires ne sera plus aussi importante dans les fonctions de l'agriculture, et parce que les attentes sont désormais bien différentes.

L'agriculture a une nouvelle place à prendre en tant qu'activité agriculturelle. Chacun a besoin de comprendre comment il se nourrit et comment il s'intègre dans la chaîne du vivant, et chacun doit reconnaître le rôle de l'agriculteur dans le plaisir qu'il prend à manger ou à découvrir un paysage.

Cette voie agriculturelle est à dessiner ...

Pour que la confiance revienne entre l'agriculture et la société, pour que les vocations des futurs agriculteurs ne soient pas déçues, et pour que nous léguions à nos enfants une terre toujours fertile.

I

L'agriculture, une histoire de métissage entre nature et culture, du Néolithique aux temps modernes

L'homme n'est pas né agriculteur ou éleveur. Il l'est devenu après des centaines de milliers d'années d'hominisation, c'est-à-dire d'évolution biologique, technique et culturelle. C'est au Néolithique seulement, il y a moins de 10.000 ans, qu'il a commencé de cultiver des plantes et d'élever des animaux, qu'il a lui-même domestiqués, introduits et multipliés dans toutes sortes de milieux, transformant ainsi les écosystèmes naturels originels en écosystèmes cultivés, artificialisés et exploités par ses soins. Depuis lors, l'agriculture humaine a conquis le monde ; elle est devenue le principal facteur de transformation de l'écosphère, et ses gains de production et de productivité ont respectivement conditionné l'augmentation du nombre des hommes et le développement de catégories sociales ne produisant pas elles-mêmes leur nourriture.

Marcel Mazoyer et Laurence Roudart,
Histoire des agricultures du monde,
du Néolithique à la crise contemporaine,
Seuil, 1997.

Nous avons coutume de dire que l'agriculture est une des plus anciennes activités de l'homme. Au plan historique, cela est vrai, mais cela l'est moins si nous tenons compte de la beaucoup plus longue période pré-historique, où l'espèce humaine a progressivement évolué vers *l'Homo-sapiens.* L'agriculture n'a donc commencé qu'à la période néolithique, il y a environ dix mille ans – soit tout récemment.
Lorsque nous reprenons les grandes étapes de développement de l'agriculture du monde, comme l'ont fait Marcel Mazoyer et Laurence Roudart dans leur remarquable ouvrage[1], il est possible de mieux comprendre ce qu'est l'agriculture aujourd'hui.

I - Les grandes étapes de l'histoire de l'agriculture dans le monde

1 – La naissance de l'agriculture

Dès la naissance de l'agriculture, les contextes naturel et culturel expliquent le démarrage de cette activité.
Sur le plan culturel, l'espèce humaine *Homo sapiens sapiens* a déjà fortement évolué pendant la période du Paléolithique (-40.000 ans à -11.000 ans avant notre ère) puisque, après avoir colonisé la plupart des territoires de la planète, l'utilisation d'outils en pierre, en bois ou en os a permis de modifier les activités de cueillette et de chasse (chasse de nouvelles espèces, techniques de piègeage). Par ailleurs, le développement d'objets et de représentations sans utilité immédiate (l'exemple des peintures de la grotte Chauvet en Ardèche datant de –30 000 ans avant notre ère) montre à quel point la créativité de l'espèce est forte. Au début de la période néolithique, une nouvelle technique de fabrication des outils, le polissage de la pierre, engendre une évolution importante des activités puisque cette période coïncide avec la construction d'habitations en dur, la poterie en terre cuite et les premiers développements de la culture et de l'élevage.

[1] Marcel Mazoyer et Laurence Roudart, *Histoire des agricultures du monde, du Néolithique à la crise contemporaine*, Seuil, 1997.

Quant au contexte écologique, entre 16.000 et 12.000 ans avant notre ère, l'ensemble de la planète est le siège de modifications importantes : le climat se réchauffe, les calottes glaciaires fondent partiellement, entraînant l'élévation du niveau des mers de plusieurs mètres. De nouvelles formations végétales apparaissent alors : la toundra, la taïga et les forêts mixtes de conifères et de feuillus dans les régions froides, les forêts perdant leurs feuilles en hiver, les landes océaniques et les prairies continentales en régions tempérées, les forêts toujours vertes en région méditerranéenne, les forêts claires, les savanes arborées et les steppes dans la zone saharienne, les forêts tropicales perdant leurs feuilles en saison sèche, la forêt équatoriale dense et toujours verte. Cette différenciation des zones écologiques va obliger l'espèce humaine à s'adapter à ces nouvelles conditions. C'est ainsi que les modes de prédation seront très différents d'une zone à l'autre, selon les espèces présentes. Le régime alimentaire se différenciera également, puisque la consommation de grains va fortement se développer dans les zones où les céréales et les légumineuses sauvages sont présentes. Il en est de même pour la consommation de mollusques (escargots, huîtres, patelles).
Les contextes naturel et culturel sont donc les facteurs essentiels de la naissance de l'agriculture. D'une part, les conditions écologiques se modifiant, la recherche de nourriture par la chasse et la cueillette évoluent en fonction des espèces végétales et animales présentes sur le territoire, mais aussi par le fait que la prédation entraîne la diminution voire la disparition de certaines espèces (forte diminution du cheval et du bison en Europe, anéantissement du mammouth au Nord et du rhinocéros au Sud...) ; d'autre part, l'invention de nouveaux outils et de nouvelles techniques, mais aussi un nouveau mode d'organisation sociale par une certaine sédentarisation, permet à l'homme d'imaginer de reproduire sous sa maîtrise les cycles de production végétale et animale : c'est le début de la domestication des plantes et des animaux, qui marque la naissance de l'agriculture.

2 – La *révolution* agricole néolithique

Il est communément admis de parler de révolution agricole à la période néolithique, même si le temps où s'opère un véritable changement dans les relations de l'homme avec les autres espèces animales et végétales s'étale sur de nombreux siècles. Si la domestication a déjà démarré auparavant (le chien a été le premier animal domestiqué, 16.000 ans avant notre ère), c'est entre 10.000 et 5.000 ans avant notre ère que la plupart des espèces domestiquées le seront. Par ailleurs, d'autres bouleversements importants interviennent à la même époque dans les sociétés humaines : la religion et l'évolution du langage. C'est pour cela que nous pouvons considérer ce changement comme une révolution.

L'état actuel des recherches archéologiques met en évidence que l'agriculture s'est développée pendant la période néolithique à partir de six foyers d'origine. Quatre premiers foyers ont été largement rayonnants : le foyer proche-oriental, en Syrie-Palestine, entre 10.000 et 9.000 ans avant notre ère ; le foyer centre-américain, au sud du Mexique, entre 9.000 et 4.000 ans avant notre ère, le foyer chinois, d'abord en Chine du Nord sur les terrasses de loess (alluvion limoneuse) du moyen fleuve jaune, il y a 8.500 ans, puis en Chine du Nord-est et du Sud-est ; le foyer néo-guinéen, en Papouasie-Nouvelle-Guinée, il y a également 10.000 ans. Deux autres, beaucoup moins rayonnants, sont le foyer sud-américain, dans les Andes péruviennes et équatoriennes, il y a 6.000 ans, et le foyer nord-américain, dans le bassin du moyen Mississipi, entre 4.000 et 1.800 ans avant notre ère. Pour chacun de ces foyers, il se produisit les phénomènes similaires, de domestication de certaines espèces présentes sur le territoire, et de rayonnement par extension des surfaces agricoles.

Les premières espèces domestiquées

Foyer d'origine	Premières plantes domestiquées	Premiers animaux domestiqués
Foyer proche-oriental	Engrain et blé amidonnier (ancêtres des espèces de blé), orge, pois, lentille, pois chiche, vesce, gesse, lin	Chèvre, porc, mouton, Puis bovins et ânes
Foyer centre-américain	Piment, avocat, maïs, courgette, courge, citrouille Puis haricot et coton	Dindon, canard de Barbarie
Foyer chinois	Millet des oiseaux, chou, navet, ramie (sorte d'ortie textile), mûrier (du ver à soie) Puis soja et riz	Poule, porc, bœuf
Foyer néo-guinéen	taro	porc
Foyer sud-américain	Haricot, pomme de terre, quinoa, lupin	Cochon d'Inde, lama, alpaga
Foyer nord-américain	Sureau des marais, courge, tournesol, ansérine (faux fraisier), renouée, petite orge et une sorte de millet	

Les motivations humaines à l'origine de la domestication sont encore controversées. En effet, l'explication selon laquelle l'homme serait passé à l'élevage parce qu'il ne pouvait plus se procurer de nourriture par prédation est insuffisante pour justifier le développement de la domestication dans les différents foyers d'origine. En ce qui concerne les espèces animales, un certain nombre d'espèces domestiquées ne présentaient pas dans un premier temps une quelconque utilité. Par exemple, la chèvre, le cheval et l'âne n'ont été utilisés que plusieurs millénaires après leur domestication. Pour Jussiau, Montméas et Parot[2], *on peut donc croire que, quels que soient les produits et les services que l'homme finit par obtenir des animaux domestiques à l'issue de processus longs, lents et complexes, ce sont plutôt l'approche du sacré, la curiosité mêlée du désir d'appropriation et de domination de la nature et des êtres qui constitueraient la motivation profonde et première*

[2] Roland Jussiau, Louis Montméas et Jean-Claude Parot, *L'élevage en France, 10.000 ans d'histoire*, Éducagri Editions, 1999.

de l'action domesticatoire, marquée par ailleurs d'une grande diversité des formes, des méthodes, des lieux et des temps .

La domestication, première étape de développement de l'agriculture, s'explique donc par plusieurs facteurs, naturels et culturels, mais celle-ci a pu également être poursuivie parce que l'organisation sociale a évolué dans le même temps. En effet, la mise en culture et l'élevage ne peuvent perdurer que si la société villageoise soustrait à sa consommation les grains qui serviront de semences et les animaux reproducteurs. De même, les fruits du travail agricole doivent être partagés. Cela suppose des règles strictes d'organisation sociale pour que les groupes de producteurs-consommateurs assurent leur survie par le renouvellement de la production agricole.

De même, il paraît certain que la religion naissante à cette époque (selon J.Cauvin[3]) et l'arrivée de langues-mères (hypothèse de l'origine des langues modernes) dans les différents foyers ont aussi été des éléments essentiels du système agricole néolithique.

En même temps que la domestication, s'est réalisée une extension des foyers d'origine vers des aires qui ont couvert progressivement une bonne partie du globe. Quatre grandes aires d'extension correspondent aux quatre principaux foyers d'origine de l'agriculture.

A partir du foyer proche-oriental, l'agriculture s'est développée dans toutes les directions, en suivant en premier lieu deux axes : d'une part, les rives orientales de la Méditerranée puis les rives occidentales, d'autre part, la vallée du Danube pour arriver en Europe centrale puis en Europe du Nord-ouest. Après ces deux axes, elle s'est progressivement étendue vers l'Inde, l'Afrique centrale et l'Extrême-Orient, où elle a rencontré l'agriculture d'origine chinoise.

L'agriculture d'origine chinoise, après la moyenne et la basse vallée du Fleuve jaune, a atteint le Fleuve bleu puis la Mandchourie, la Corée, le Japon, l'Asie centrale et l'Asie du Sud-est où elle a rencontré l'agriculture d'origine néo-guinéenne.

---

[3] J .Cauvin, *Naissance des divinités, naissance de l'agriculture* , CNRS Editions, collection « Empreintes », 1994.

L'agriculture d'origine centre-américaine a progressivement atteint les Andes et la côte péruvienne (vers 3.500 ans avant Jésus-Christ) et le Chili il y a deux mille ans, où elle a fusionné avec le foyer sud-américain. Elle a progressé vers le nord, vers la Californie et le moyen Mississipi au début de notre ère, où elle a fusionné avec le foyer nord-américain.
Enfin, le foyer d'origine néo-guinéenne, à base de taro, s'est dispersé de proche en proche dans les îles indonésiennes jusqu'à notre ère.
Certaines parties du globe sont cependant restées à l'écart de cette expansion : l'Australie, le sud de l'Afrique et de l'Amérique du Sud, du Nord-ouest de l'Amérique du Nord et du grand Nord de l'Amérique et de l'Eurasie, qui ont été colonisés beaucoup plus tard par les explorateurs des quinzième et seizième siècles.
Cette propagation de l'agriculture néolithique s'est effectuée, selon toute vraisemblance, selon deux modalités : la colonisation progressive par les sociétés agraires provenant de foyers rayonnants, et la transmission des techniques et des pratiques agricoles aux sociétés de chasseurs-cueilleurs qui se seraient converties à l'agriculture.

3 – Les systèmes agraires avant l'Antiquité

Selon les résultats des diverses recherches scientifiques, les premières formes d'agriculture se seraient mises en place aux abords des habitations, dans des espèces de jardins défrichés fertilisés par les déchets domestiques, et sur les terrains fraîchement alluvionnés des bords de rivière. Les premiers agriculteurs ont probablement constaté l'impact positif des alluvions ou de la décomposition de déchets sur le développement de la végétation, et ont donc pu spontanément chercher à ensemencer ces terrains. Telle serait ainsi l'origine du jardinage.
Comme ces zones privilégiées ne représentaient pas des superficies très élevées, le développement des activités de culture et d'élevage a entraîné la mise en culture de nouvelles terres moins propices, d'où la nécessité d'inventer des systèmes agraires à productivité satisfaisante pour être renouvelés.

Selon les lieux, différentes organisations se sont mises en place, et nous prendrons deux exemples de systèmes agraires qui se sont développés entre 10.000 et 5.000 ans avant notre ère, où les conditions naturelles et culturelles sont fortement liées dans la constitution d'un système agraire : le système de culture sur abattis-brûlis et le système hydro-agricole de la vallée du Nil.

A - Le système de culture sur abattis-brûlis

Ce système d'exploitation de la nature est un des plus anciens modes d'agriculture et s'est développé dans les zones à végétation arborée. Ce système perdure toujours dans les zones forestières tropicales et équatoriales d'Afrique, d'Amérique et d'Océanie.

Le système de culture sur abattis-brûlis consiste à cultiver temporairement des parcelles de terrain après abattage et brûlage de la végétation spontanée, en alternance avec une friche boisée de longue durée. La rotation (succession des cultures sur une même parcelle) peut varier d'une dizaine à une cinquantaine d'années. Cela suppose donc que la densité de population ne soit pas trop élevée, pour laisser *reposer* des terrains très longtemps après une, deux ou trois années de culture.

La répartition des cultures dans l'espace (= assolement) se fait soit de manière dispersée en densité de population faible, soit de manière réglée lorsque la surface est plus limitée.

En fait, l'équilibre du système repose sur plusieurs points.

- Une faiblesse de la pression foncière permet à chaque village d'exploiter la surface qu'il souhaite. Ainsi, c'est davantage l'éloignement du village et la faible productivité du travail manuel qui sont les facteurs limitants de la surface utilisée.
- La diversité du système alimentaire : l'alimentation issue des cultures ne représente qu'une part faible de l'approvisionnement des villages ; la chasse, la pêche, la cueillette, la production des jardins et un peu d'élevage (volailles, chèvres et moutons dans les systèmes actuels) fournissent une bonne part des ressources alimentaires.

• La durée importante de la friche entre deux périodes de culture. Celle-ci permet à la végétation spontanée de se développer et de fournir suffisamment d'éléments minéraux nécessaires à la nourriture des cultures après l'abattis-brûlis.
• Un nombre suffisant de personnes en âge de travailler par rapport au nombre de bouches à nourrir, étant donné la faible productivité du système.

Ce système d'exploitation de la nature correspond à une dynamique pionnière à l'origine du développement de l'agriculture dans la plupart des régions du monde.

Compte tenu des caractéristiques de ce système, le risque de rupture de l'équilibre, lorsque la population augmentait trop par rapport à la surface exploitée, provoqua l'essaimage par colonisation de nouvelles zones non exploitées.

Ce mode d'agriculture a donc été un facteur très important d'échanges et de diffusion de techniques et de pratiques entre les populations de l'époque. Les conditions naturelles de végétation arborée et de climat humide, ainsi que les caractéristiques sociales et culturelles, ont permis la mise en place d'un système d'agriculture. Ce système, en retour, a eu des conséquences sur les conditions naturelles et culturelles. En effet, la mise en culture a permis de diversifier les ressources alimentaires et de favoriser l'augmentation de la population. Cette dernière a progressivement été source de rupture de l'équilibre, d'où le besoin des villages d'essaimer, mais aussi d'inventer de nouvelles techniques permettant l'amélioration de la productivité (assolement réglé puis, plus tard, la révolution de la jachère et du développement de l'élevage). De même, la mise en culture a entraîné progressivement une modification des paysages, avec un développement de la savane au détriment de la forêt, et un assèchement du climat à l'origine de la désertification.

Ainsi, dès le début de l'agriculture, un déplacement des équilibres naturels est à l'œuvre pour répondre aux besoins de développement de l'espèce humaine.

B - Le système hydro-agricole de la vallée du Nil

Ce système s'est développé à partir du sixième millénaire avant notre ère, et a correspondu à un besoin d'intensifier la

production agricole dans les zones humides, après un certain assèchement de la région moyen-orientale, du fait du déboisement des premiers millénaires de l'époque néolithique.
Le régime du fleuve est à la base du mode d'exploitation, puisque l'agriculteur cultive la vallée du Nil en phase de décrue, et profite de l'apport de fortes alluvions en phase de crue, qui assurent le renouvellement de la fertilité. Afin de régulariser l'alimentation en eau des cultures sur toute la période en dehors de la phase de crue, l'invention de techniques de retenue a permis d'améliorer fortement la productivité du système. Il a donc fallu aménager la vallée avec de nombreux bassins, de plusieurs types.
Si les premiers bassins étaient formés par de petites dépressions naturelles situées aux limites de la zone inondable, l'aménagement global de la vallée (le Nil a une longueur de 6.700 km) n'a pu se réaliser qu'à partir d'une organisation sociale très structurée en cités-états, puis en deux royaumes (Haute-Egypte et Basse-Egypte) jusqu'à il y a 5.000 ans avant notre ère et enfin en un seul état pharaonique qui a régné pendant trois millénaires.
La civilisation égyptienne s'est donc construite en grande partie à partir de la nécessité de la maîtrise de l'eau, et donc de la sécurité alimentaire sur l'ensemble de la vallée du fleuve.
Dans ce système, l'équilibre est maintenu par une répartition équilibrée de l'eau sur l'ensemble de la vallée par un aménagement concerté de bassins, une réalisation collective de travaux d'aménagement et d'entretiens des bassins, l'apport d'éléments minéraux par les alluvions chaque année, et une rotation alternant des céréales exigeantes en azote et des légumineuses (enrichissantes en azote).
Ce mode d'exploitation était bien plus performant que le système sur abattis-brûlis, puisqu'il permettait de subvenir à une population de 300 habitants/km^2 cultivé, soit dix fois plus que le système sur abattis-brûlis. Mais cette performance était néanmoins réalisée au prix d'un asservissement des populations paysannes très pauvres, qui ont certes contribué au développement de la civilisation égyptienne, mais qui ont souffert le plus souvent d'un despotisme écrasant.

Là encore, il est donc évident que les conditions naturelles et les conditions socio-culturelles ont créé un mode d'exploitation de la nature tout à fait particulier.

4 – La révolution agricole de l'Antiquité

Environ deux mille ans avant notre ère, un nouveau système agraire se met progressivement en place dans les régions tempérées chaudes du pourtour méditerranéen, puis dans les contrées tempérées froides : le système à jachère et à culture attelée légère.

Son origine s'explique par trois raisons essentielles. D'une part, l'écosystème s'est fortement modifié après la longue période de la culture sur abattis-brûlis, et il se différencie progressivement avec des zones de forêt résiduelle, des formations herbeuses et buissonnantes et des terrains cultivés régulièrement, en particulier aux abords des habitations. D'autre part, les villageois comprennent le rôle important des déjections animales dans le renouvellement de la fertilité. Enfin, le développement d'outils en fer permet le passage du travail essentiellement humain au travail animal. Ainsi, la mise en place de ce nouveau mode d'exploitation de la nature permet de répondre à la modification des conditions naturelles, mais également au souci d'évolution de l'espèce humaine, qui acquiert de nouvelles connaissances et de nouvelles techniques. En effet, l'équilibre se fait grâce aux nouvelles relations entre l'écosystème cultivé et les nouvelles pratiques agricoles.

A cette époque, l'écosystème cultivé va se répartir en quatre types de formations végétales : la *silva*, correspondant à la forêt résiduelle, le *saltus*, formation herbeuse et buissonnante, se situant en général dans les zones accidentées ou érodées, l'*ager*, zone plus plane ou en creux bénéficiant d'alluvions ou de colluvions (dépôts venant de l'érosion des zones plus en amont), et l'*hortus*, jardin aux abords des habitations.

En dehors de l'hortus, cultivé depuis longtemps de manière intensive grâce à l'apport des déchets ménagers et humains, qui favorisent un renouvellement rapide de la fertilité, les autres surfaces ne pouvaient jusqu'alors être cultivées trop fréquemment. Mais deux éléments nouveaux permettent une mise en culture de l'ager de manière très régulière, avec une jachère de courte durée (un à deux ans).

- L'augmentation du nombre d'animaux entraîne une forte augmentation des déjections animales. Ces animaux sont emmenés en journée dans le saltus pour se nourrir, et sont ramenés la nuit sur l'ager en jachère pour le dépôt des déjections. Lors des périodes à faible production de biomasse (en été ou en hiver), les animaux sont déplacés en transhumance.
- L'arrivée de l'araire, ancêtre de la charrue, permet la traction animale, et donc une meilleure productivité du travail.

Ce mode d'exploitation entraîne de nouvelles formes d'organisation sociale. Afin d'éviter les trop grands déplacements, les villages s'installent au centre des zones cultivables. Ce système n'apporte cependant pas un progrès considérable dans la productivité de l'écosystème, puisque les rendements de céréales ne dépassent pas 3 quintaux par hectare, ce qui ne permet pas une densité de population supérieure à 30 habitants au km^2, donc très inférieure aux systèmes hydro-agricoles des périodes plus anciennes. Il permet donc seulement de maintenir une population qui aurait dû diminuer après les phases de déforestation. De telle sorte que, malgré le développement de nouvelles techniques, la population reste limitée par la faible productivité. C'est en partie pour cela que les sociétés qui se mettent en place se militarisent fortement, des premières cités-états d'Asie mineure jusqu'à l'épopée romaine, afin de coloniser des zones agricoles suffisantes pour nourrir la population, en asservissant un nombre important d'être humains, dont la reproduction est restreinte, au moyen de l'esclavage.

5 – La révolution agricole du Moyen Âge en Europe

C'est entre le neuvième et le treizième siècle que se développe en Europe un nouveau système agraire, basé sur la culture attelée lourde. Son émergence résulte encore de la combinaison de l'évolution des conditions du milieu et de l'évolution de la société, en particulier culturelle.

D'une part, le système ancien de jachère et culture attelée légère ne permet plus de nourrir une population qui continue d'augmenter, alors que la production végétale et animale est limitée par les ressources naturelles disponibles ; d'autre part, l'ancien système agraire a installé progressivement un système social seigneurial émergent, qui cherche, à cette époque, à sortir de la guerre esclavagiste.
Les conditions sont ainsi réunies pour que des innovations donnent une nouvelle cohérence pour un développement global.
Trois innovations agricoles essentielles caractérisent le Moyen Âge.

- Le transport attelé, en substitution du transport sur bât, va permettre une révolution dans l'élevage. En effet, cette innovation permet de produire du foin en grande quantité (sur des terres éloignées du village) et de le stocker pour l'alimentation hivernale des animaux. Ces derniers sont alors abrités en hiver dans des stabulations, où ils vont produire beaucoup de fumier, ce qui permettra une restauration bien plus rapide de la fertilité des terres céréalières.
- La charrue et la herse sont deux outils révolutionnaires. Le premier permet de retourner la terre en culture attelée, ce que ne faisait pas l'araire, et apporte deux avantages : l'enfouissement du fumier qui va se décomposer plus vite, et l'élimination de la végétation de l'année précédente. Le deuxième permet de casser les mottes et ainsi de préparer le semis dans de bonnes conditions.
- L'adaptation des animaux de trait : le ferrage des animaux (fers cloués des sabots des chevaux ou des ongles des bœufs), l'invention de nouveaux modes d'attelage (colliers et jougs), et la sélection d'animaux de trait, en particulier le cheval, plus cher mais plus performant que le bœuf.

A partir de là, un nouveau développement agricole a pu se réaliser. L'augmentation des prés de fauche a engendré un plus grand nombre d'animaux, qui a produit davantage de fumier. Ceci a permis, d'une part, d'évoluer vers une rotation triennale (deux années de céréales et une année de jachère) et d'autre part, d'accroître les surfaces de culture par un défrichement important impulsé par les seigneurs et les monastères.

Cette évolution importante a permis une amélioration de la productivité globale, puisque ce système pouvait permettre une densité de population d'environ 80 habitants/km^2 dans l'Europe du nord-ouest, soit plus du double permis par le système à culture attelée légère. Mais elle a aussi favorisé un essor économique, urbain et culturel : avec le développement de l'outillage en agriculture, un artisanat, une petite industrie et le commerce se sont développés, en amont pour la fourniture des matériels, mais également en aval, pour fournir des aliments à tous ceux qui n'étaient plus paysans. Ces nouvelles pratiques ont favorisé l'urbanisation (et en particulier l'édification de nombreux monuments comme les cathédrales) et une renaissance intellectuelle, avec la création de nombreuses universités.

Cette époque marque donc un changement fondamental, puisqu'il se crée une différenciation entre la ville et la campagne, avec la création d'un nouvel équilibre entre les agriculteurs-producteurs et les villageois-consommateurs.

Même si des crises fortes vinrent remettre en question cet équilibre, du fait de famines, de maladies, de révoltes, ou de guerres, l'agriculture est dès lors tournée vers le marché, qui prend de plus en plus d'importance au fil des siècles.

6 – La naissance de l'agriculture moderne

La révolution agricole médiévale a permis une nouvelle organisation sociale et a favorisé l'avènement de la renaissance intellectuelle.

Dès lors, de nouvelles conditions vont progressivement s'installer en Europe pour qu'une révolution agraire se produise à nouveau aux seizième et dix-septième siècles. Celle-ci conduit à un nouveau type de système agraire où la jachère disparaît, grâce à des innovations qui permettent la reproduction de la fertilité sans laisser reposer la terre.

Le système agraire sans jachère consiste à faire alterner sur les parcelles des céréales et des cultures fourragères. Ces dernières permettent de nourrir un nombre d'animaux plus élevé, donnant une quantité de fumier qui permet d'augmenter la fertilité des sols, et donc d'améliorer la productivité. Par ailleurs, certaines plantes fourragères comme les légumineuses (luzerne, trèfle,

sainfoin...) ont la particularité de fixer l'azote atmosphérique, et ainsi d'enrichir le sol en azote, élément de base pour le rendement des céréales. Globalement, ce système permet à la fois d'augmenter le rendement en céréales et le rendement des productions animales.
En fait, les connaissances agronomiques concernant l'intérêt des légumineuses et du fumier dans l'amélioration de la fertilité existaient depuis longtemps, puisque les Grecs, les Romains puis les agronomes andalous du onzième siècle les avaient évoquées. Les conditions sociales n'étant pas réunies en Europe pour que ce système se généralise, il a fallu qu'interviennent des changements dans de nombreux domaines.

- **Juridique**
  L'abolition des servitudes collectives pour l'usage de la terre, comme le droit de vaine pâture (obligation pour chaque agriculteur de laisser pâturer les animaux de tout le voisinage sur ses jachères) et le développement de la propriété privée, encouragent les agriculteurs à investir dans la fertilité de leurs terres.
- **Économique**
  L'urbanisation progressive et l'industrialisation naissante engendrent un besoin important de production agricole pour des consommateurs ouvriers, artisans, commerçants, employés et rentiers de plus en plus solvables.
- **Social**
  La difficulté croissante de la seigneurie de maintenir ses droits auprès des paysans a entraîné en Europe le développement d'une paysannerie moyenne, qui a progressivement obtenu une émancipation favorable à son développement.
- **Politique et culturel**
  L'époque est marquée par l'idée de la liberté d'entreprendre, qui diffuse dans tous les domaines et caractérise la période de la Renaissance. Deux grands mouvements de pensée touchent particulièrement l'agriculture. D'une part, les tenants de la *nouvelle agriculture*, derrière Olivier de Serres, en France, et son œuvre magistrale *Théâtre d'agriculture et mesnage des champs,* publiée en 1600, développent l'importance d'une gestion globale d'un domaine agricole,

où la *gestion en bon père de famille* intègre également l'introduction de nouvelles cultures, l'assainissement des terres par le drainage, l'irrigation et bien d'autres innovations ; d'autre part, le mouvement des *physiocrates*, dont François Quesnay en France, propose une économie basée sur les *lois naturelles*, et non pas sur le seul libéralisme marchand, qui a tendance à se développer au dix-huitième siècle sous l'effet de l'industrialisation croissante. Les physiocrates considèrent que la véritable richesse d'une nation repose sur la production agricole, car le développement d'activités non agricoles n'est possible que si la production agricole permet de nourrir la population non agricole.

Contrairement aux autres révolutions agricoles, où l'évolution des conditions naturelles favorisait l'innovation afin de permettre une production agricole qui pourrait satisfaire l'augmentation de la population, la naissance de l'agriculture moderne se fait plutôt par une plus forte influence culturelle. En effet, pour la première fois, les innovations introduites permettent à la fois d'augmenter la biomasse produite et la population par unité de surface.

A partir du dix-septième siècle, il y a donc un changement fondamental, principalement en Europe, puisque l'agriculture et la société s'inscrivent dans une démarche de progrès continu, qui caractérise ce que l'on appelle aujourd'hui la société industrielle.

7 – La deuxième révolution agricole des temps modernes : la naissance du productivisme

Du dix-septième au début du vingtième siècle, la rationalisation du système agraire sans jachère se poursuit grâce à de nombreuses innovations : la création par l'industrie de nouveaux matériels à traction animale (amélioration de la charrue et de la herse, semoir, rouleau, bineuse, butteuse, matériel de fenaison, de moisson et de battage) ; la production de connaissances agronomiques, avec la naissance de la chimie qui met en évidence l'alimentation de la plante à base de minéraux absorbés par les racines ; la révolution des transports, avec la machine à vapeur, qui permet de désenclaver certaines régions et de transporter amendements, engrais et produits agricoles.

La production agricole n'a cessé d'augmenter en même temps que la population, et même au-delà, du fait du développement de la production agricole dans les colonies européennes des Amériques, d'Australie, de Nouvelle-Zélande et d'Afrique du Sud. A la fin du dix-neuvième siècle, une certaine surproduction entraîne la chute des prix agricoles, surtout dans les pays à libre-échange, comme en Angleterre.

En fait, cette évolution continue préparait une nouvelle révolution agricole, celle du productivisme du vingtième siècle, et ce, du fait d'innovations concomitantes issues de la science et de la technologie.

- La motorisation transforme la mécanisation, et engendre le remplacement de l'animal par le tracteur, ce qui augmente de manière considérable la productivité du travail.
- La chimie permet la fabrication d'engrais de synthèse de plus en plus efficaces sur la croissance et le développement des plantes, et la fabrication de molécules pesticides, c'est-à-dire détruisant les ennemis des cultures (les mauvaises herbes et les agents pathogènes).
- La génétique permet de sélectionner des variétés de plantes et des races d'animaux de plus en plus productifs, et avec des caractères sélectionnés.

Ces innovations sont à l'origine de la rupture avec le facteur déterminant du succès de l'agriculture européenne depuis son origine : l'association des productions végétales et des productions animales. En effet, à partir du moment où l'animal de trait est remplacé par le tracteur, et le fumier par les engrais chimiques, l'élevage n'est plus indispensable à la production des céréales et des autres cultures.

Ce changement fondamental entraîne le nouveau système agraire de la deuxième moitié du vingtième siècle dans tous les pays développés : le système agraire intensif spécialisé, caractérisé par :

- l'adaptation du parcellaire aux besoins de la mécanisation, par agrandissement progressif des parcelles.

- L'adaptation du milieu de culture pour qu'il exprime le maximum de potentialités : drainage, amendements, engrais, irrigation.
- La protection maximale des productions par un arsenal de traitements chimiques préventifs, afin d'éviter les maladies, ou même en supprimant les conditions naturelles de production (cultures et élevages hors-sol).
- La spécialisation des régions, en fonction des conditions écologiques (définissant une certaine potentialité agronomique) mais aussi des conditions économiques locales (accès aux transports maritimes, ferroviaires et routiers, présence et développement d'industries de transformation) et, plus rarement, culturelles (appellations d'origine contrôlée).
- La spécialisation du travail avec, d'une part, la séparation de la production, de la transformation et de la distribution des produits agricoles et alimentaires, et d'autre part, la séparation du travail de conception et celui d'exécution, la conception étant confiée aux structures de recherche et de développement, l'agriculteur devenant de plus en plus un exécutant au service de l'acheteur.
- Un capital d'exploitation (matériel agricole, plantations ou animaux) de plus en plus coûteux du fait d'une sophistication permanente, qui engendre un endettement très élevé de l'agriculteur.

C'est ce système qui a permis de décupler la production et de multiplier par cinquante la productivité du travail, et s'est avéré capable de nourrir de manière pléthorique une population dont une infime fraction se consacre aux activités agricoles.
Comme le résument Mazoyer et Roudart[4], *en quelques décennies, les nouveaux moyens de production et les nouveaux moyens de transport, d'une puissance inouïe, produits par la grande industrie concentrée du vingtième siècle, ont révolutionné les conditions de la production et des échanges agricoles dans les pays développés : les conditions biologiques, avec la sélection des plantes et d'animaux domestiques plus*

[4] Marcel Mazoyer et Laurence Roudart, *Histoire des agricultures du monde, du Néolithique à la crise contemporaine*, Seuil, 1997.

exigeants et plus productifs ; les conditions écologiques, avec la simplification des écosystèmes cultivés spécialisés ; les conditions de travail aussi, avec des moteurs et des machines si performantes qu'elles ont rendu inutile le recours à l'énergie animale et réduit à bien peu de chose les besoins de main-d'œuvre ; les conditions économiques et sociales enfin, avec l'agrandissement incessant d'un nombre toujours plus réduit d'exploitations et l'exclusion progressive de la très grande majorité des autres, et avec l'abandon progressif aux industries d'amont et d'aval des activités de production de ses moyens de travail et de transformation de ses produits. Il faut y ajouter les conditions culturelles, puisque une bonne part des agriculteurs ont progressivement abandonné leurs pratiques et leurs savoirs vernaculaires, au profit des références produites par la techno-sphère.

Ce système agraire intensif spécialisé est toujours actuel, mais un certain nombre de problèmes avérés depuis une vingtaine d'années remettent en cause le mode productiviste de la production agricole.

Pour reprendre Mazoyer et Roudart, *l'agriculture moderne sera dangereuse, comme l'ont été toutes les agricultures nouvelles avant elles, tant que l'usage des nouveaux moyens et des nouvelles méthodes de production n'aura pas été tempéré pour en éviter les abus et les inconvénients. Utilisées à tort et à travers, les haches de pierre polie, si bienvenues, étaient aussi de bien dangereux outils de déboisement. Poussées trop loin sur les terres érodables, ou trop fréquemment passées et repassées sur des terres insuffisamment fumées, les charrues sont souvent devenues de redoutables engins de dégradation des sols. Entassés sans précaution auprès des sources d'eau potables, les fumiers, si utiles, furent en maintes occasions de véritables agents de mort ; enfouis trop tard ou en trop grande quantité, ils ont aussi perdu bien des semis. Portés trop loin, les grands défrichements du Moyen Âge central ont dû refluer, ce qui a contribué à la grande crise frumentaire du quatorzième siècle. Et la furieuse expansion des chemins de fer et des colonies agricoles blanches du dix-neuvième siècle a plongé le monde dans la première grande crise de surproduction agricole...*

Aujourd'hui, les moyens techniques sont tels, que les dangers sont bien plus menaçants. *Trop de méconnaissance et de mépris du passé, trop de hâte et de présomption novatrices, trop de productivisme purement quantitatif, trop peu de précautions humaines, écologiques et qualitatives aboutissent forcément, à la longue, à la trop grande concentration des activités de culture et d'élevage, à trop de régions vides, à trop d'exode, à trop de chômage... D'où viennent de tels déboires, si ce n'est des mécanismes du développement concurrentiel eux-mêmes, des mécanismes qui se sont avérés tout aussi efficaces pour les porter au-delà de leur aire d'utilité bien comprise, jusqu'à l'excès ?*[5]

II - L'agriculture dans le monde d'aujourd'hui

L'histoire de l'agriculture, telle que retracée ci-dessus, permet de comprendre à quel point cette activité a été importante dans l'évolution des sociétés humaines, mais aussi comment cette activité a pu évoluer en fonction des contextes naturel et socio-culturel.
L'état de développement actuel des différents pays du monde est très inégal, et il est donc essentiel de faire le point sur l'agriculture dans le monde d'aujourd'hui, pour mieux appréhender les enjeux et les perspectives de l'agriculture dans notre société.

1 – La variabilité du nombre d'agriculteurs et des surfaces agricoles dans le monde

La diminution importante du nombre d'agriculteurs en Europe au cours des dernières décennies nous fait oublier que, dans le monde, le nombre d'agriculteurs ne cesse d'augmenter[6]. Ainsi, en dehors des pays développés où la population agricole a diminué de moitié depuis 1970, elle a partout ailleurs à peu près

---

[5] Marcel Mazoyer et Laurence Roudart, *Histoire des agricultures du monde, du Néolithique à la crise contemporaine*, Seuil, 1997.
[6] Ce chapitre fera souvent référence à l'ouvrage *Systèmes et espaces agricoles dans le monde*, de Robert Chapuis et Patrick Mille, Armand Colin, 2001.

doublé, ce qui, compte tenu de l'évolution des populations des différentes régions du monde, a entraîné une augmentation globale de 400 millions d'agriculteurs.
En 1998, le nombre d'agriculteurs dans le monde était évalué à 1,3 milliard.

	Nombre d'agriculteurs 1998 (en milliers)	% de la population active	Évolution 1968-1998 (en milliers)	Gain ou perte en %
Afrique sub-saharienne	173 079	63,7	72 624	72,3
Amérique latine-Caraïbes	44 315	20,8	4 756	12,0
Asie du sud-est	135 573	54,3	52 657	63,5
Monde chinois	514 347	67,1	187 162	57,2
Monde indien	337 814	59,5	117 827	53,6
Monde arabo-musulman	48 791	34,1	9 643	24,6
Océanie	2 605	18,5	838	47,4
Japon/Corée du Sud	5 669	6,3	-11 331	-66,6
Amérique du Nord	3 519	2,3	-1 327	-27,4
Europe occidentale	8 477	4,7	-13 202	-60,9
Europe orientale	10 289	17,0	-11 736	-52,3
Ex-URSS	22 483	15,2	-9 410	-29,5
Total	1 306 961	45,7	+398 501	+43,9

Les agriculteurs dans le monde (source FAO)

Il en est de même en ce qui concerne les surfaces cultivées. Les surfaces utilisées par l'agriculture dans le monde correspondent à environ 38% des terres émergées du globe (12% de terres arables, 26% de prairies et pâturages), soit environ 5 milliards d'hectares, le reste correspondant à la forêt (32%) et aux terres incultes et artificialisées (30%). Mais il existe de grandes différences selon les régions du monde, puisque les pays les plus peuplés ont souvent des potentialités faibles d'augmentation de surfaces, alors que d'autres pays, moins peuplés, ont encore de grandes disponibilités en gagnant des surfaces sur la forêt et par l'irrigation. A l'échelle mondiale, la

conquête sur la forêt et par l'irrigation fait courir des risques importants à l'humanité, par modification du climat et épuisement des ressources naturelles.
Globalement, on constate une augmentation des surfaces utilisées pendant ces trente dernières années, de l'ordre de 10%.

	Population % du total mondial	Terres cultivées (1994)		Évolution des terres cultivées (1968-1994) (1000 ha)	Gain ou perte %
		(1000 ha)	% du total mondial		
Afrique sub-saharienne	10,4	167 567	11,2	27 576	19,7
Amérique latine-Caraïbes	8,5	154 542	10,3	39 880	34,8
Asie du Sud-Est	8,5	89 167	5,9	18 385	26,0
Monde chinois	21,8	136 799	9,1	30 944	29,2
Monde indien	22,0	204 218	13,6	7 512	3,8
Monde arabo-musulman	7,5	100 726	6,7	12 081	13,6
Océanie	0,5	51 686	3,4	5 589	12,1
Japon/Corée du Sud	2,9	6 455	0,4	-1 548	-19,3
Amérique du Nord	5,2	226 503	15,1	155	0,07
Europe occidentale	6,6	88 936	5,9	-7 439	-7,7
Europe orientale	2,3	46 677	3,1	-3 717	-7,4
Ex-URSS	3,8	228 687	15,2	-4 443	-1,9
Total	100	1 501 963	100,0	+125 500	+9,1

Les terres cultivées dans le monde (source FAO)

2 – Les grands espaces agricoles du monde

Il est bien difficile de catégoriser les agricultures du monde en espaces car, partout l'agriculture est plurielle.

Cependant, le recul historique permet de voir que le développement de l'agriculture et le développement économique, en particulier des secteurs secondaire et tertiaire, sont très fortement corrélés. En particulier, le nombre d'actifs agricoles est inversement proportionnel à l'indicateur de développement humain (qui prend en compte le Produit intérieur brut réel, l'espérance de vie et le pourcentage d'adultes alphabétisés). Comme le disent Chapuis et Mille[7], l'*agriculture n'est pas une île dans l'océan économique, elle en est un reflet : en grossissant un peu le trait, on peut dire que plus le niveau de vie général d'une population est élevé, plus celui de ses agriculteurs l'est aussi et donc plus le capital investi dans l'agriculture est important, plus la productivité est forte, plus la qualification des agriculteurs est grande, plus la consommation de produits agricoles est relevée, etc.*
Avec eux, nous pouvons distinguer plusieurs régions.

A - Les régions développées

Elles se caractérisent par une forte artificialisation de l'écosystème cultivé : maîtrise de l'eau, réduction des aléas climatiques (culture hors-sol) et pédologiques (engrais), forte maîtrise des végétaux (sélection, clônage, OGM, process agronomiques) et des animaux (sélection, insémination artificielle, suivi vétérinaire, contrôle de l'alimentation). Par ailleurs, l'encadrement politique, scientifique, technologique et commercial est d'un niveau élevé, ce qui permet une productivité très forte du travail, mais aussi une grande dépendance vis-à-vis de l'environnement professionnel et aujourd'hui de la société toute entière (consommateurs et citoyens).
Trois régions du monde correspondent à cette catégorie.

- L'Amérique du Nord

Son agriculture est le modèle type décrit ci-dessus, avec de grosses exploitations (moyenne de 200 hectares) et une grande spécialisation selon les régions.

- L'Europe occidentale

[7]Robert Chapuis et Patrick Mille, *Systèmes et espaces agricoles dans le monde*, Armand Colin, 2001.

Le modèle européen se rapproche aujourd'hui du modèle américain, même si la taille des exploitations est beaucoup plus faible. Par contre, il reste différent par la plus grande diversité des systèmes de production. Cette diversité est la caractéristique de l'Europe et est le résultat, d'une part, de la diversité des écosystèmes originels (de la zone septentrionale à la zone méditérranéenne) et d'autre part, de l'histoire agricole et rurale depuis la période néolithique.

• Les régions développées du Pacifique (Australie, Nouvelle Zélande, Japon et Corée du Sud)

Les agricultures de ces régions sont très différentes mais elles possèdent les caractéristiques des régions développées. D'un côté, l'Australie et la Nouvelle Zélande sont des régions arides et très faiblement peuplées, d'où une agriculture constituée de très grandes exploitations à système extensif. De l'autre, le Japon et la Corée du Sud sont des régions plus pluvieuses et à très forte densité de population. L'agriculture est très intensive sur de très petites exploitations, avec une micromécanisation très développée et des rendements (en particulier en riz) très élevés.

B - Les régions en transition

Elles concernent l'Europe orientale et l'ex-URSS, ensemble de nations qui ont subi plusieurs traumatismes au cours de ce dernier siècle : domination seigneuriale, puis collectivisation, puis dernièrement, privatisation.

Ces pays possèdent des similitudes écologiques avec les régions développées d'Amérique et d'Europe occidentale. Le développement agricole reste cependant conditionné par les conditions politiques et économiques très instables. Le rattrapage du retard technique et du décalage de niveau de vie avec les pays développés dépendra donc de la stabilité politique de ces pays et de leur possibilité d'intégrer plus ou moins rapidement l'Union européenne.

L'agriculture de ces pays n'a cependant pas les mêmes avantages comparatifs que l'Europe occidentale ou l'Amérique du Nord : la proportion de sols riches est faible (en dehors des chernozium, terres noires à céréales d'Ukraine) et la proportion de terres cultivables est plus faible (beaucoup de montagnes dans les Balkans, climat rude en Sibérie ou aride en Asie centrale). Les systèmes de production sont également moins variés.

C - Les régions émergentes

L'Amérique latine-Caraïbes et le monde arabo-musulman constituent cette catégorie qui se distingue des autres pays en développement par un pourcentage relativement faible d'agriculteurs dans la population active, de l'ordre de 30%, une augmentation de la population agricole plus faible qu'ailleurs, de l'ordre de 20% en 30 ans, et un niveau de vie des consommateurs plus élevé.
Au sein de ce groupe, l'Amérique latine et le monde arabo-musulman présentent des systèmes de production très différents.

- L'Amérique latine

Elle possède des conditions écologiques extrêmement variées, avec une diversité de climats et une histoire récente très particulière, du fait de la colonisation européenne, qui en a fait une terre agricole de contrastes : systèmes vivriers d'agriculture pluviale ou sur abattis-brûlis dans les Andes ou en Amazonie, grandes plantations tropicales de cultures d'exportation dans le Nord-est brésilien jusqu'aux Caraïbes, plantations d'altitude (café) en climat tempéré, cultures spécialisées horticoles, arboricoles ou viticoles en piémont argentin ou dans la vallée centrale chilienne, cultures céréalières et polyculture-élevage dans la Pampa brésilienne.

- Le monde arabo-musulman

Il est caractérisé par un milieu naturel très aride, et les systèmes de production sont fortement dépendants du potentiel d'irrigation. Les surfaces cultivées représentent le plus souvent des archipels au milieu de zones d'élevage très extensif du mouton et du chameau. Certains pays très riches, du fait de la rente pétrolière, ont développé des exploitations très modernes dans des conditions presque totalement artificielles.

D - Le monde asiatique

Cette région du monde doit être distinguée des autres, car elle représente 75% des agriculteurs de la planète et près de 30% des terres cultivées. Cela montre immédiatement sa puissance (potentielle par le nombre d'agriculteurs) et sa fragilité (car la surface par actif est faible).
Le monde asiatique ne forme pas non plus un monde homogène.

- La Chine

Par sa diversité géographique (des zones désertiques aux rives humides de la mer), elle représente un ensemble complexe, avec des systèmes de production très variés. En simplifiant, on peut distinguer trois grandes zones : l'Ouest avec un système pastoral semi-nomade, le Nord-est avec un système céréalier et le Sud-est avec la culture de riz irrigué.

- L'Inde

Les systèmes de production sont plus simples qu'en Chine : cultures vivrières au Nord, cultures de rente (arachide, coton) au Sud et au Nord-est, culture du riz au Nord-ouest.

- L'Asie du Sud-Est

Cette zone, caractérisée par l'ensemble d'archipels sous climat chaud et humide, regroupe trois grands types de systèmes de production : la culture sur brûlis dans les régions isolées (Sumatra, Bornéo, Nouvelle-Guinée), les plantations en position littorale (héritage des colonisations européennes) et rizières irriguées dans les plaines et les contreforts montagneux.

E - L'Afrique sub-saharienne

Cette région constitue la partie du monde la moins développée sur le plan agricole. Même si la production agricole a doublé en 30 ans, elle n'a pas suivi l'explosion démographique. La difficulté de privatiser les terres et la faiblesse des moyens techniques (manque de maîtrise de l'eau, rareté du matériel de trait et médiocre intégration de l'élevage et de la culture) sont des contraintes qui n'ont pas permis le développement agricole espéré dans les années 1950.

L'Afrique sub-saharienne présente aujourd'hui trois grands systèmes de production très liés aux conditions écologiques. Au centre, la culture itinérante sur abattis-brûlis. Vers le littoral, les plantations de cultures d'exportation (café, cacao, agrumes, palmiers à huile, hévéa). Ailleurs, en zone de savane arborée, alternent une agriculture vivrière pluviale et l'élevage pastoral semi-nomade de bovins, moutons et chèvres.
Une petite exception concerne l'Afrique australe, où le peuplement européen a fait apparaître l'horticulture, l'arboriculture et la viticulture le long du littoral, ainsi que le ranching sur les plateaux.

Cette description simplifiée avait pour seul but de montrer qu'il existe dans le monde des évolutions différentes de l'agriculture, avec de grandes tendances liées au niveau de développement. Mais cela cache l'extrême diversité de l'activité agricole dans toutes les régions du monde. Car, partout, en fonction des conditions naturelles et culturelles du lieu, émergent continuellement de nouvelles pratiques agricoles.

III - L'agriculture en France aujourd'hui, un bel exemple de métissage entre nature et culture

Après avoir appréhendé l'histoire de l'agriculture depuis sa naissance et la situation des espaces agricoles dans le monde actuel, la France agricole mérite une analyse car elle représente un modèle à part au sein des régions développées du monde.
La France se caractérise en effet par des conditions naturelles et culturelles qui ont organisé l'agriculture, et particulièrement durant ces dernières décennies.

1 – Les conditions naturelles de l'agriculture française

La France se distingue d'abord par sa grande diversité géographique : diversité des climats, diversité géologique et pédologique, diversité végétale et animale, diversité des écosystèmes.

Cette diversité a entraîné au fil du temps des systèmes de production très variés, associant la plupart du temps cultures et élevage, sauf dans le bassin méditerranéen où il s'est développé progressivement des cultures spécialisées horticoles, arboricoles et viticoles.
Le ministère de l'Agriculture identifie ainsi en France pas moins de 432 petites régions agricoles, dont la délimitation est basée sur les caractéristiques agronomiques semblables, et sur la complémentarité traditionnellement vécue par les paysans entre des terroirs différents.
Cette diversité des conditions naturelles a donc grandement favorisé la diversité des systèmes de production agricole, ce qui permet à la France d'être en Europe le pays agricole le plus important en volume de production et en variété de productions.

2 – Les conditions culturelles de l'agriculture française

La France a construit progressivement une relation toute particulière avec son agriculture, comparativement aux autres pays développés. Pour ne prendre que l'exemple du dernier siècle, la société française a redéfini par trois fois la place de l'agriculture au sein du pays, ce qui montre bien l'importance pour la conscience citoyenne de cette activité.

- En 1881, Gambetta crée le ministère de l'Agriculture, et entraîne ainsi la constitution d'un groupe social. Les *paysans* de la troisième république se caractérisent par leur forte référence à la patrie, au patrimoine et au *pater familias*. Ils représentent ainsi le cœur de la nation, et constituent un groupe social en parallèle du monde ouvrier. Ils bénéficient d'une forte protection douanière et d'un accès facilité à la terre. Ce projet est politique, car le marché est alors absent dans l'activité agricole.
- En 1960, les lois Pisani proposent un changement radical, en s'appuyant sur la jeunesse agricole chrétienne, puisque l'agriculture devient marchande avec la vision européenne. La terre est désacralisée, puisque le patrimoine devient un outil de travail, le paysan devient un exploitant agricole, et l'unité de base n'est plus la famille mais le couple.

• En 1999, la nouvelle loi d'orientation propose une nouvelle révolution, puisqu'il est envisagé une agriculture à la fois marchande et ménagère[8]. La terre n'est plus seulement un outil de travail, elle redevient un patrimoine, l'unité de base n'est plus le couple mais l'individu, qui se regroupe le plus souvent en forme d'entreprise sociétaire. L'agriculteur n'est plus un exploitant agricole mais un entrepreneur, producteur plus ou moins spécialisé, dans un contexte mondial.

3 – Le nouveau projet agricole français

La loi d'orientation agricole de juillet 1999 programme l'évolution de l'agriculture des vingt prochaines années selon trois axes.

• L'agriculture doit être durable, c'est-à-dire qu'elle doit satisfaire les exigences actuelles sans risque pour les générations futures : respect de l'environnement, alimentation de qualité, renouvellement des générations et des emplois.

• L'agriculture doit être multifonctionnelle : en dehors de la production primaire de matières premières agricoles, l'agriculture doit développer la production secondaire (transformation des produits à la ferme) et la production tertiaire (production de services : gestion de l'environnement, tourisme, services aux ruraux…).

• L'agriculture doit être territoriale : le contexte local est le premier facteur de développement. L'agriculture est une activité parmi d'autres au service du développement local, mais elle est une activité pas tout à fait comme les autres, car elle gère les biens aujourd'hui publics : l'espace rural, le paysage, les ressources naturelles. L'agriculteur et la société peuvent s'engager dans un nouveau contrat social, via le contrat territorial d'exploitation (CTE), devenu aujourd'hui le contrat d'agriculture durable (CAD).

[8] En référence à l'ouvrage *Pour une agriculture marchande et ménagère* du Groupe de Seillac, sous la direction d'Edgard Pisani.

Le changement est fondamental, car les pouvoirs actuels peuvent se déplacer sur différents plans, économique, politique, social et culturel.

- Sur le plan économique, l'agriculteur, jusqu'à maintenant, tirait son revenu du produit (dont le prix était doublé par les subventions par rapport au cours mondial). Demain, il tirera son revenu, pour une part, de son produit payé au cours mondial, et pour une autre part, par les services publics qu'il rendra à la société. Il peut ainsi devenir moins dépendant de l'industrie et de la grande distribution, qui l'ont entraîné vers les excès du productivisme.
- Sur le plan politique, les agriculteurs, par leur faible nombre, perdaient progressivement tous leurs pouvoirs, mais le nouveau contrat social leur redonne une place importante : ils gèrent 80% de l'espace rural, à un moment où les citadins veulent revenir à la campagne, et la mission de service public qui leur est confiée va les rendre plus nécessaires.
- Sur le plan social, les agriculteurs peuvent se re-mobiliser autour d'une agriculture moderne sociétale, et vont pouvoir être à la fois les fournisseurs d'une alimentation de qualité et les jardiniers de la nature.
- Sur le plan culturel, l'agriculteur va pouvoir se ressourcer dans ses traditions paysannes, redécouvrir son patrimoine et le faire découvrir, ouvrir la voie agriculturelle.

Toutefois, la période actuelle se traduit par une divergence cruciale entre deux voies de développement de l'agriculture : la voie industrielle, qui permettra de poursuivre l'exportation des matières premières agricoles au cours mondial dans le cadre de la mondialisation ; la voie agriculturelle, qui est celle que pourrait permettre la nouvelle loi d'orientation agricole, si elle n'est pas enterrée avant de naître par les lobbies financiers et industriels.

Cette dernière voie s'appuie sur le fait que la société européenne est désormais urbanisée dans son mode de vie, même en milieu rural, et qu'elle a une longue histoire rurale, qui a permis d'ancrer de nombreuses traditions et de produire des savoir-faire originaux, extrêmement complexes et variés selon les localités. La culture agricole et rurale fait partie de l'identité européenne.

Ainsi, l'Europe et singulièrement la France, sont dans ce paradoxe, d'un côté, toute de traditions faites d'AOC, de terroirs, d'art culinaire, de paysages culturels, de fêtes locales, et de l'autre, tournée vers une modernité faite d'alimentation industrielle, de mondes virtuels, de méconnaissance de la chaîne du vivant, de recherche de nature.
Chacun, aujourd'hui, a besoin de comprendre comment il se nourrit et comment il s'intègre dans la chaîne du vivant, et chacun doit reconnaître le rôle de l'agriculteur dans le plaisir qu'il prend à manger ou à découvrir un paysage.
D'où le rôle qui peut revenir à l'agriculture aujourd'hui dans l'apprentissage de valeurs essentielles d'une société moderne : apprendre à manger sain et bon, apprendre à observer la vie, apprendre à apprécier le beau, apprendre à respecter son environnement, apprendre à gérer des phénomènes complexes…
Cette voie est à dessiner par la filière du progrès en agriculture : agriculteurs, agents de développement, enseignants, chercheurs, doivent se mettre au travail pour faire de notre agriculture un exemple à suivre, un modèle alternatif au système prôné par le groupe de Cairns[9]. La mobilisation de la filière de progrès doit être très forte pour construire la cohérence de ce modèle alternatif, car le contexte marchand actuel, sur le plan international, favorise fortement l'industrialisation de l'agriculture, voire la disparition progressive des agricultures des pays développés, trop protégées. A très court terme, l'agriculture européenne peut ne plus exister, les Européens se procurant leur alimentation via les matières premières agricoles des pays émergents et la production des industries biotechnologiques, en pleine expansion depuis dix ans en Europe. C'est donc aujourd'hui qu'il faut choisir.
Cela veut dire qu'il faut redécouvrir et faire redécouvrir la chaîne du vivant en agriculture.
Cela veut dire qu'il faut redéfinir et faire accepter une nouvelle économie agricole.

[9] Le groupe de Cairns regroupe 13 pays exportateurs de produits agricoles (dont le Canada, l'Australie, l'Argentine, la Colombie, la Nouvelle-Zélande, le Brésil, l'Indonésie) qui aident très peu les agriculteurs, au nom du libéralisme économique.

Cela veut dire qu'il faut engager et faire s'engager tous les acteurs du nouveau contrat social entre l'agriculture et la société, permis par la nouvelle loi d'orientation agricole.
Cela veut dire enfin qu'il faut, après le paysan, après l'agriculteur, qu'un nouvel acteur s'affirme dans cette nouvelle agriculture sociétale, dans cette nouvelle société agriculturelle.

II

Du sol à l'assiette, l'aliment produit vivant, l'aliment produit à vivre

Co-piloter la Terre
La découverte de la communauté de destin homme/nature donne la responsabilité tellurique à l'homme. Dès lors, il doit radicalement abandonner le projet conquérant formulé par Descartes, Buffon, Marx. Non plus dominer la Terre, mais soigner la Terre malade, l'habiter, l'aménager, la cultiver.
L'humanité doit élaborer la co-régulation de la biosphère terrestre. Certes, elle dispose de pouvoirs considérables, et qui s'accroîtront ; mais il s'agit de devenir non le pilote, mais le co-pilote de la Terre. Le double pilotage s'impose : homme / nature ; technologie / écologie ; intelligence consciente / intelligence inconsciente... La Terre doit commander par la vie, l'homme doit commander par la conscience .

Edgar Morin et Anne-Brigitte Kern,
Terre-Patrie,
Seuil, 1993.

Je ne sais pas expliquer à mon enfant comment est produit ce qu'il mange, car je ne le sais pas moi-même, avouent désormais beaucoup de parents.

Et lorsque l'ignorance en est là, toutes sortes de représentations plus ou moins collectives s'installent. Des erreurs graves deviennent alors pour beaucoup des vérités, surtout quand les médias font office de caisse de résonance.

Nous sommes aujourd'hui dans cette situation où les croyances les plus extrêmes s'affrontent, alors qu'elles sont tout aussi erronées les unes que les autres. D'un côté, les défenseurs de l'agro-industrie proclament à juste titre que notre alimentation est bonne car la sécurité alimentaire n'a jamais été aussi grande, alors même qu'ils ignorent les effets à long terme des centaines de molécules chimiques utilisées dans la production agricole et l'industrie agro-alimentaire. De l'autre côté, les défenseurs de l'alimentation naturelle ne veulent reconnaître que les produits biologiques, alors que certains d'entre eux peuvent être moins sains, par exemple les légumes exceptionnellement trop riches en nitrates ou en cuivre (après excès de traitement avec les produits à base de cuivre autorisés en agriculture biologique).

L'éloignement progressif des consommateurs des lieux de production agricole, la sur-abondance des produits agricoles toute l'année, la sophistication agro-alimentaire et le développement de la restauration collective, ont engendré peu à peu l'inconscience des nouvelles générations pour ce qui concerne leur alimentation. L'abandon de la cuisine traditionnelle au profit de repas standards, illustrés par le steack-frites, ne fait qu'accentuer le phénomène. Quant au goût, ne connaissant plus la saveur d'aliments simples, naturels et frais, il évolue en l'absence de ces références élémentaires.

L'éducation alimentaire redevient donc aujourd'hui une priorité essentielle dans notre société moderne…

Pour que chacun comprenne toute la complexité de la chaîne du vivant.

Pour que chacun admette la diversité du vivant.

Pour que chacun réalise que cette complexité et cette diversité sont une richesse et un patrimoine qu'il nous faut cultiver et transmettre.

A l'heure où tout le monde parle de traçabilité, il est important de comprendre toute cette chaîne du vivant, car un aliment qui arrive dans l'assiette est composé de produits, issus dans leur majorité de l'agriculture, qui ont été transformés par des procédés agro-alimentaires du fait d'artisans ou d'industries.
Toute démarche visant à expliquer le cycle alimentaire se doit par conséquent de mettre en lumière les deux étapes que sont la production agricole et la transformation agro-alimentaire.

I - Du sol au produit agricole

La fonction première de l'agriculture a toujours été la production des biens alimentaires. Celle-ci s'est faite par l'exploitation du sol, qui permet la production des végétaux, eux-mêmes servant à alimenter les animaux.
La relation entre le sol et le produit agricole est extrêmement complexe, et le rôle de l'agriculteur s'avère très variable au sein de cette relation. Définir les caractéristiques d'un produit agricole implique d'abord de comprendre comment vivent les plantes et les animaux en relation avec le sol.

1 - La terre, le sol, l'humus…

Il est bien difficile de se faire une représentation juste du concept de *sol*, à tel point varie l'idée que nous pouvons nous en faire. Entre ceux qui croient que le sol est un substrat physique, ayant pour unique rôle le support de la plante, et ceux qui croient que le sol est la Terre-mère nourricière, création divine permettant la vie de l'Homme, existent toutes sortes de représentations sociales intermédiaires. Et faire évoluer ces représentations opposées n'est pas chose aisée, chacun disposant d'arguments. D'un côté, pour les adeptes du sol-substrat, la démonstration des cultures hors-sol (légumes, plantes en pots, fleurs…), prouve que les plantes peuvent se passer de sol pour croître et se développer, même si de nombreuses plantes n'ont encore pu être cultivées sans sol, sans que l'on sache vraiment pourquoi. De l'autre côté, pour les adeptes de la Terre nourricière, de nombreuses expériences montrent que le respect du sol, vu comme être vivant, mais

également comme être à aimer, améliore la productivité du sol et la qualité des produits agricoles, dans le sens d'une plus grande harmonie entre les nutriments fournis par le produit et les besoins de l'Homme.
Il n'est pas question ici de trancher, la réponse résidant certainement, comme souvent, dans un compromis entre les deux extrêmes. Par suite, comprendre ce qu'est un sol exige une mise en ordre raisonnée des connaissances sur le sujet.

A - Le sol, un complexe organo-minéral

On doit comprendre avant tout que la genèse d'un sol résulte d'un long processus (à l'échelle du millier d'années) se subdivisant en trois grandes étapes-clés.

- La lente décomposition de la roche (que l'on appelle roche-mère en pédologie) sous l'effet des variations de température et d'humidité, de l'érosion et du relief, mais également par des phénomènes chimiques d'oxydation ou d'hydrolyse, produit des éléments de plus en plus fins : cailloux, sables, limons et argiles.
- L'enrichissement en matières organiques, du fait de la colonisation progressive, à mesure de la fragmentation de la roche, de végétaux pionniers qui, à leur mort, se décomposent en sels minéraux et en un composé organique stable : l'humus.
- Les migrations d'éléments par lessivage (migration descendante) ou par remontée (migration ascendante), troisième étape de formation d'un sol, qui différencient alors des couches de sol (qu'on appelle *horizons* du sol) à propriétés différentes.

Ces trois grandes étapes permettent de distinguer les sols jeunes des sols évolués, sachant qu'un sol ne devient véritablement propice à la culture que lorsqu'il a atteint la deuxième étape. En effet, c'est par le mélange intime des éléments minéraux et organiques que le sol acquiert des propriétés favorables à la production agricole.
Le mélange se fait en deux temps. D'une part, les argiles et l'humus, qui sont les éléments les plus fins, s'associent par

leurs propriétés colloïdales[1], et servent de liant pour les éléments plus grossiers que sont les sables et les limons. C'est ainsi que tous les éléments s'agrègent et permettent au sol d'offrir une structure stable, faite de mottes, et d'une porosité permettant à l'eau et à l'air de circuler.
La présence d'eau, d'air et d'éléments minéraux dans le sol permet alors aux êtres vivants que sont les plantes, mais aussi un nombre considérable d'espèces végétales et animales plus ou moins microscopiques, d'utiliser le sol comme habitat.
Le sol apparaît donc comme un milieu écologique (ou écosystème) extrêmement complexe, où la matière inerte (minérale et organique) et la matière vivante sont associées. Cette association engendre des propriétés physiques, chimiques et biologiques du sol très variées, et ce sont ces propriétés qui caractérisent le sol.

B - L'écosystème-sol, sous-ensemble d'écosystèmes plus vastes

Par ailleurs, la formation du sol ne se fait pas indépendamment du lieu où il est situé. Le climat, mais aussi le relief, sont des facteurs essentiels dans la formation du sol, parfois même plus importants que la composition de la roche-mère. De telle sorte qu'à l'échelle du monde, on peut superposer, par exemple, la carte des climats et la carte des sols du continent africain, avec une très forte concordance des grandes zones de climats et de sols. Mais également, à l'échelle d'une petite région, la formation du sol dépend autant de la nature de la roche-mère que du relief (lequel favorise l'érosion et l'alluvionnement) et du climat (qui favorise ou non la dégradation de la roche, et qui influence le type de plantes pionnières).
Ainsi le sol résulte-t-il d'interactions fortes entre le monde minéral (la roche), le milieu atmosphérique (le climat), et le monde organique (l'humus et les êtres vivants du sol). Selon les interactions, le sol va posséder des propriétés extrêmement diverses. C'est comme cela que l'on parle de sol riche ou de sol

---

[1] Un colloïde est une substance dont les molécules s'agglomèrent et se chargent électriquement, ce qui leur donne la propriété de fixer des ions (atomes ayant perdu ou gagné un électron) à leur surface.

pauvre, de sol calcaire ou de sol acide, de sol humide ou de sol aride, de sol léger ou de sol lourd, de sol profond ou de sol peu profond, de sol sain ou de sol infesté.
Compte tenu de l'extrême variabilité géologique, climatique et biologique des différents milieux, la diversité des sols est donc très grande. Si des vastes zones de sols peuvent être repérées à l'échelle planétaire, il n'en reste pas moins vrai qu'au sein d'une même parcelle de culture peut exister une hétérogénéité, liée par exemple au relief ou aux caractéristiques hydrologiques du sous-sol.

C - Le sol, un milieu vivant en constante évolution

La formation d'un sol est très lente, mais elle ne s'arrête pas, car les phénomènes à l'œuvre, qu'il s'agisse de la décomposition de la roche-mère, de l'enrichissement en matières organiques ou des migrations d'éléments, sont perpétuels. L'évolution naturelle des sols est donc normale.
Cette évolution dépend également de l'activité humaine. En effet, la mise en culture après défrichement, l'apport de matières organiques supplémentaires, en particulier animales (fumier), l'apport d'amendements ou d'engrais, le drainage, l'irrigation, ont été autant de modifications profondes et radicales des propriétés du sol.
A titre d'exemples, les sols de jardins sont très rarement le reflet de la formation naturelle du sol. Ils ont tellement été amendés et enrichis que leurs propriétés n'ont plus rien de commun avec le sol originel.
Cependant, malgré toutes les modifications apportées par l'homme, les sols évoluent à leur rythme et se réorganisent en s'adaptant aux modifications apportées, pour retrouver un nouvel équilibre.
Par contre, si les modifications sont trop importantes et rapides, il se crée un déséquilibre que le milieu naturel ne peut compenser, et il se produit alors des phénomènes de nuisance que l'on connaît : érosion du sol par manque de renouvellement de matière organique, lessivage des nitrates dans les nappes phréatiques par excès d'apport d'engrais azoté, salinisation des sols par excès d'apports d'engrais ou d'irrigation…

Le sol se trouve donc dans un état d'équilibre dynamique, dont la stabilité dépend des agressions qu'il subit, soit sous l'influence de l'environnement naturel (érosion en cas de pluies torrentielles), soit sous l'influence des pratiques agricoles.

2 - Et puis, la fertilité et le terroir… Du sol à la parcelle… Et de la parcelle au bassin versant

Au bout du compte, toutes les propriétés du sol vont caractériser sa fertilité, c'est-à-dire son aptitude à permettre, de façon durable, l'expression des potentialités des plantes cultivées.
Surtout, cette fertilité n'est pas donnée, même si certains sols sont plus fertiles que d'autres, par suite des conditions naturelles de leur formation, des améliorations apportées au fil du temps par l'agriculteur (fertilité acquise), ainsi que des conditions d'utilisation de ce sol. Ainsi, un sol sableux d'une région sèche, peu fertile en conditions naturelles, du fait de sa faible rétention en eau et de sa pauvreté en éléments minéraux, peut devenir extrêmement fertile grâce à l'utilisation de l'irrigation et des engrais chimiques.
Il est donc essentiel de comprendre que la fertilité est construite par l'homme depuis que l'agriculture existe, et que les moyens techniques et les pratiques des agriculteurs ont élaboré une fertilité du sol.
Ce pouvoir de construction de la fertilité que possède l'homme est très important, car celui-ci peut aussi bien l'inverser, s'en faire le destructeur. Le manque de respect des équilibres qui se sont construits lentement (par exemple, la stabilité structurale du sol grâce à un taux de matière organique suffisant et à une activité biologique intense des micro-organismes) ou l'agression par des engins lourds (qui tassent trop le sol) peuvent diminuer à terme la fertilité du sol.
Le sol est à la fois support et réserve alimentaire de la plante, mais sa fertilité ne suffit pas à l'expression des potentialités de ladite plante, car les conditions atmosphériques sont tout aussi importantes, par l'expression du climat. C'est pour cela que les agronomes s'intéressent au milieu de culture que constitue la parcelle de terrain, issu à la fois du sol, du climat et de la topographie du lieu. C'est à cet ensemble que peut correspondre

la notion de terroir. Or, il y a souvent confusion entre sol et terrain de culture. Le Petit Robert[2] définit le terroir comme *une étendue limitée de terre, considérée du point de vue de ses aptitudes agricoles* . Cependant, il est préférable d'entendre par le mot *terre* la portion de terrain (c'est-à-dire un lieu donné), et non le sol vu uniquement comme la partie de la couche terrestre labourable. Cette distinction est essentielle, car elle permet de relativiser le rôle du sol en tant que Terre-mère nourricière. Elle permet également de comprendre l'importance de tous les éléments qui constituent une parcelle de culture : son sol, son climat, son relief, son environnement biologique (présence de haies par exemple), son sous-sol, son hydrographie, son exposition.

Tous ces éléments font système, et sont, par ailleurs, en interaction avec les pratiques des agriculteurs. L'ensemble constitue ce que l'on appelle aujourd'hui l'agro-écosystème *parcelle cultivée.* C'est en effet par la connaissance et la maîtrise de tous les flux de matière et d'énergie au sein de la parcelle de culture que l'agriculteur pourra maintenir les propriétés physiques, chimiques et biologiques dans la parcelle, qui caractérisent sa fertilité et lui confèrent ses particularités de terroir.

Et puis, la maîtrise des flux apparaît encore plus importante aujourd'hui, avec les problèmes de pollution. Cela signifie que cette maîtrise doit être dorénavant raisonnée au-delà de la parcelle, à savoir dans un système plus vaste, qui correspond souvent au bassin versant, puisque ce sont les flux hydriques du sous-sol qui alimentent les nappes phréatiques, puis le réseau des eaux superficielles (rivières et fleuves).

Pour reprendre l'exemple du sol sableux, l'irrigation et l'apport massif d'engrais chimiques apportent certes une fertilité accrue du sol de la parcelle concernée, mais les conséquences sur le milieu environnant sont néfastes, puisque le lessivage des nitrates vers la nappe phréatique est très fort.

Ceci nous amène à reconsidérer plus largement la notion de fertilité, qui ne doit pas concerner uniquement le sol, ni même le milieu de culture qu'est la parcelle de terrain, mais l'ensemble parcelle-milieu environnant sur lequel les pratiques

---

[2] Dictionnaire Le Petit Robert, édition 1985.

agricoles peuvent influer. Veillons donc à distinguer la fertilité locale de la fertilité globale, la fertilité provisoire de la fertilité à long terme, lorsque l'effet d'une pratique agricole peut être positif pour la fertilité d'une parcelle, et négatif pour un bassin d'alimentation en eau potable d'une région.
C'est cette distinction qu'il est urgent d'opérer pour réconcilier l'agriculteur et son environnement. Jusqu'à présent, l'agriculteur était gestionnaire de ses parcelles, mais pas des conséquences de ses pratiques agricoles au-delà de ses propres parcelles. A l'avenir, il doit prendre conscience de la nécessité d'une maîtrise de ses interventions pour le bassin dans lequel il vit. En retour, il doit toutefois pouvoir bénéficier du soutien public, condition pour que le contrôle de ses interventions dans le souci du bien public ne soit pas sanctionné par le marché. Sinon, l'effort collectif sera toujours brisé par quelques agriculteurs individualistes, qui privilégieront le revenu personnel à court terme.

3 - La Terre-Patrimoine

Alors, quelle représentation du sol proposer aujourd'hui, dans le cadre d'un changement des mentalités ?
Il semble qu'on puisse valablement se fonder sur quelques idées avancées précédemment, en les développant.

- Le sol de l'agriculteur n'est pas le sol du citoyen : pour le citoyen, le sol est une portion de terrain, donc une micro-portion de la Planète, ayant des caractéristiques propres qui lui sont données naturellement ; pour l'agriculteur, le sol est la couche de terre dans laquelle poussent ses plantes, dont les propriétés sont le résultat des caractéristiques naturelles et de son travail.
- La terre de l'agriculteur n'est pas la même que celle du citoyen : pour le citoyen, les limites parcellaires permettent de composer un paysage, vu comme un tout en équilibre ; pour l'agriculteur, la terre est composée de ses propres parcelles, et il ne considère celle des autres que lorsque les pratiques du voisin peuvent le gêner (par exemple lorsque le voisin ne désherbe pas correctement, et que la parcelle voisine va infester la sienne en mauvaises herbes), ou le motiver (par exemple quand le rendement de la parcelle

voisine est meilleur, l'agriculteur observe les pratiques du voisin).

• La terre est un bien privé pour l'agriculteur, et un bien public pour le citoyen : pour le citoyen, la terre appartient à l'humanité, et sa protection est la seule voie du développement durable ; quant à l'agriculteur, la terre lui appartient, et il l'améliore chaque jour, car il n'a pas intérêt à détruire son outil de travail.

Les différences de points de vue sont normales, et il n'y a pas fatalement opposition, surtout chez l'agriculteur, qui est également un citoyen. Dans l'opinion publique, il existe cependant l'impression que ces deux points de vue s'excluent mutuellement. Il faut donc retrouver le lien qui favorisera le rôle citoyen de l'agriculteur.

Et la notion de Terre-Patrimoine crée un tel lien. Seul le patrimoine, à la fois héritage et propriété, permet de distinguer les valeurs différentes attribuées à la Terre.

La terre est d'abord à appréhender comme un patrimoine naturel. En effet, le sol constitue une ressource naturelle essentielle à la survie de l'homme et, à ce titre, doit être protégé de la dégradation. Nous avons vu que l'évolution d'un sol se fait à la fois par désagrégation de la roche, enrichissement en matières organiques, et migration d'éléments. Selon l'intensité de ces différents mouvements, la fertilité du sol peut se dégrader ou s'améliorer. Le rôle de l'homme est d'éviter la dégradation, s'il souhaite que les générations futures survivent.

La notion de patrimoine, très usitée dans le domaine culturel, permet également de se rappeler à quel point la terre est le résultat du travail des hommes et de leur inventivité. Car la productivité de la terre a augmenté au fur et à mesure de l'amélioration des techniques et des pratiques, et la fertilité s'est donc fortement améliorée sur la majeure partie des terres émergées de la planète. Cette amélioration a d'abord été le résultat de la passion des hommes. Nous en voulons pour preuve que la terre est porteuse de grandes valeurs symboliques dans toutes les civilisations : symbole de la Mère, symbole de la Nature divine, symbole de la vie et de la mort. Elle est donc autant objet de culte que de culture. Cette adoration fut fortement propice à l'investissement des hommes dans l'amélioration de sa fertilité. Puis elle a été un objet de connaissance pour les hommes qui ont toujours cherché à la comprendre, pour mieux en extraire la *sève*. A l'art de cultiver la terre s'est associée, au fil des siècles, la science agronomique. La culture de la terre fait donc bien intimement partie de la culture humaine.

D'ailleurs, à nous de faire que la polysémie du mot *culture* cesse d'être entendue comme un truisme. Ce mot n'est-t-il pas tout droit issu de la terre : *une terre se cultive autant qu'elle cultive l'homme*. Les racines de culture de la terre, de culture de l'homme et de culte du divin, entretiennent des relations étroites qu'il est vital de redécouvrir.

Enfin, la terre est un patrimoine qui, à ce titre, a une valeur. Elle est à la fois un bien privé de l'agriculteur que celui-ci doit valoriser, mais aussi préserver, pour que sa valeur soit maintenue ou augmentée, et un bien public, en ce sens que l'héritage ne concerne pas que le propriétaire du moment, puisqu'elle concerne les héritiers, mais également le citoyen si cette terre a une valeur extrinsèque, du fait d'externalités[3] positives (production d'un paysage) ou négatives (pollution d'un bassin versant).

Le sol est donc bien plus qu'un complexe organo-minéral issu de la dégradation de la roche. Il s'agit d'un milieu vivant, en équilibre dynamique, dont les propriétés permettent de produire des végétaux.

Le sol est donc bien plus que la couche de terre arable d'une parcelle de culture. Il est à considérer comme le milieu de culture en relation avec l'atmosphère, le sous-sol et les parcelles de terre voisines, formant un écosystème cultivé, dans lequel l'agriculteur va gérer des flux de matière et d'énergie générant la production de matière vivante végétale et animale utile à l'homme.

Le sol est donc bien plus qu'un outil de production. Il est ce patrimoine de l'humanité, que l'agriculteur utilise pour produire la nourriture des hommes.

---

[3] La notion d'externalité est apparue dans les années 1980, en économie de l'environnement, pour conceptualiser les effets positifs et négatifs des pratiques agricoles sur l'environnement.

4 - Le sol nourricier des plantes et des animaux

A nous maintenant, hommes du vingt-unième siècle, prédateurs dominants qui régnons sans partage, d'intégrer *en sautant*, pour parodier Heidegger[4], le sol sur lequel nous marchons, ce sol entité dans lequel poussent les plantes, aussi complexe dans sa constitution, dans son fonctionnement, que dans les représentations que chacun, agriculteur, citoyen, peut en avoir.
En tout cas, nul ne peut contester cette réalité qu'il est milieu vivant et source de vie pour les autres êtres vivants, car toutes les plantes et les animaux que nous connaissons ont besoin de lui pour se nourrir.
Et il serait grand temps qu'un certain nombre de certitudes, étayées par une conception trop matérialiste et réductrice du sol, que venait conforter une grande efficacité des moyens chimiques dans l'agriculture, soient remises en cause. La rupture de certains équilibres, qui s'est traduite par la pollution des nappes phréatiques, l'érosion des sols et la résistance des ennemis des cultures (mauvaises herbes, insectes ravageurs, ou autres agents pathogènes), en transforme aujourd'hui la vision.
Ainsi, chez les scientifiques, des interrogations se font-elles jour. Dans la nature, nous avions pris l'habitude de distinguer le règne minéral, le règne végétal et le règne animal. Certains chercheurs[5] ont rappelé des analogies entre des organismes des différents règnes, et des nouvelles théories comme la théorie des fractales posent de nouvelles questions à l'intelligence humaine : tel est le cas des analogies entre la structure du cristal ou du corail et celle des plantes, ou des analogies entre la physiologie du champignon, assimilé au végétal, et la physiologie de l'animal, ou encore la difficulté de classer des êtres vivants comme les virus. A fortiori, le sol, qui contient tous les principes, minéral, végétal et animal, reste-t-il un milieu peu connu, et il faut reconnaître aujourd'hui que la chimisation de l'agriculture n'a été qu'un *succès* illusoire. De même, la distinction entre la matière, l'énergie et l'information,

---

[4] In *Introduction à la Métaphysique*, TEL, Gallimard, 1980, pp.18,122,193. Cf. p.18. *Qu'il suffise d'indiquer... que le saut de se questionner fait surgir son propre fondement, le réalise en surgissant. Un tel saut se faisant surgir comme fondement, nous l'appelons... un surgissement originaire (Ursprung) : le se-faire-surgir le fondement.*
[5] Françis Hallé, *Éloge de la plante, pour une nouvelle biologie*, Seuil, 1999.

en physique comme en biologie, devient de moins en moins évidente, et seule une toute petite partie des flux au sein du sol sont connus[6]. Le sol est une *boite noire* dans laquelle des phénomènes d'auto-régulation permettent le maintien d'un équilibre dynamique, compensant même les erreurs de gestion de l'agriculteur (la digestion par le sol de certaines molécules chimiques par exemple). Là encore, le sol mérite la plus grande attention, surtout lorsqu'il permet de limiter les risques de pollution (en agronomie, on parle du *pouvoir tampon* du sol) voire même de recycler les déchets dont on ne sait que faire (l'épandage des boues des stations d'épuration).
Non, l'heure décidément n'est plus à l'inconscience de l'Enfant qui casse ses jouets, et le renouvellement d'une vision du sol beaucoup plus complexe est à l'œuvre chez les pédologues et les agronomes[7], et va dans le sens d'une plus grande prise en compte de la vie dans le sol, et de la capacité du sol à nourrir les autres êtres vivants.

5 - Végétaux et animaux, bases de la production agricole

A partir du sol, l'activité agricole consiste à produire des végétaux et des animaux.
L'évolution de l'agriculture a progressivement entraîné une spécialisation des agriculteurs et une séparation des activités de cultures végétales et des activités d'élevage. Cette séparation s'est avérée non seulement néfaste pour le sol, qui n'a plus été pourvu en fumier afin de renouveler sa fertilité, mais aussi pour les agriculteurs, qui ont oublié pour certains le respect de la chaîne du vivant. A tel point que l'on compare aujourd'hui la plante et l'animal à des usines ou à des machines ! C'est pourquoi il importe de revenir aux bases de fonctionnement des êtres végétaux et des êtres animaux, d'une part pour comprendre leurs différences, mais aussi leurs similitudes, d'autre part pour mieux envisager leur intégration dans la chaîne du vivant.

---

[6] Philippe Prévost, *Activité agricole, régulation biologique et transmission des savoirs agronomiques*, Techniques et documentation, 1999.
[7] Pierre Stengel, « *Agronomie et science du sol, une nouvelle alliance ?* », in Comptes rendus de l'Académie d'Agriculture de France, n°4-2001.

Tous les êtres vivants, qu'ils soient végétaux ou animaux, réalisent les mêmes étapes de la vie.

- La naissance, à partir d'une graine, d'une spore, d'un œuf ou d'un fœtus.
- La croissance, phase d'accroissement de la taille de l'individu.
- Le développement, phase de transformation de l'âge infantile à l'âge adulte, avec la différenciation sexuelle mâle-femelle.
- La reproduction, phase où les organes mâle et femelle de l'espèce s'unissent pour former à nouveau graines, spores, œufs ou fœtus.
- La mort, phase où le corps se décompose, les matières étant pour la plupart récupérées par d'autres êtres vivants ou retournant peu à peu à l'état minéral.

A - La relation sol-climat-plante-techniques culturales

Cela dit, comment une plante pousse-t-elle ?
La plante a la particularité d'être fixée au sol, et elle vit donc dans un double milieu : le sol pour sa partie souterraine, et l'atmosphère pour sa partie aérienne. Vivant fixée, elle doit s'adapter aux conditions de climat et de sol pour croître et se développer, et ce, grâce à quatre fonctions essentielles.

- La respiration est la fonction de base des êtres vivants, puisque c'est par la respiration que sont décomposées les molécules organiques (glucides principalement), fournissant ainsi l'énergie aux cellules pour leur fonctionnement.
- La transpiration, fonction essentielle chez les végétaux, joue le rôle de pompe d'aspiration de la sève pour nourrir toutes les cellules.
- L'absorption de l'eau et des sels minéraux par les racines assure la fourniture des matériaux de construction des cellules, sauf le carbone et l'oxygène prélevés dans l'air.
- La photosynthèse, fonction spécifique au végétal, lui donne le privilège de se procurer le carbone dans l'air, alors que les animaux ne peuvent se le procurer qu'en se nourrissant de molécules organiques végétales ou animales.

La culture des plantes consiste donc à optimiser la réalisation de ces quatre fonctions de la plante, selon l'objectif de production que se fixe l'agriculteur. En effet, si ces quatre fonctions sont optimisées, le métabolisme de la plante se fait correctement et la production des matières organiques (glucides, lipides, protides) nécessaires à la croissance et au développement de la plante est satisfaisante.
Certains éléments orientent les objectifs de production de l'agriculteur, et donc son action.

- Les conditions de milieu de culture

Les conditions de sol et de climat de ses parcelles sont prioritaires, car les conditions de milieu ne permettent pas partout les mêmes cultures et selon le même mode. Un sol argileux et un sol sableux n'ont pas les mêmes propriétés, tout comme un climat océanique et un climat méditerranéen.

- La partie de la plante produite

La production d'une racine (betterave sucrière, radis, carotte) est plus exigeante dans le travail du sol ou la production d'un fruit (tomate, melon, fraise) est plus exigeante en certains éléments minéraux comme le potassium. Par ailleurs, selon la partie produite, la durée du cycle de culture sera variable, et il faudra faire coïncider la période de mise en place avec les conditions climatiques, pour que la plante ait toujours les meilleures conditions (le blé tendre est semé avant l'hiver, le maïs au printemps, etc.).

- Le rendement souhaité par l'agriculteur

Pour obtenir le rendement maximal correspondant au potentiel des plantes, il faut que l'agriculteur assure en permanence une alimentation optimale avec des engrais très solubles, et une protection maximale, avec des traitements chimiques préventifs (c'est la culture intensive du système productiviste). Par contre, il peut prendre le risque d'un rendement plus faible, en limitant ses interventions selon leur rapport coût/efficacité (le revenu peut être parfois plus élevé par le fait que la différence produits-charges est meilleure).

- Les représentations qu'il a de son métier

Selon que l'agriculteur est plutôt agronome, plutôt technicien, plutôt gestionnaire, plutôt commercial, plutôt communicateur, ou plutôt environnementaliste, il optera pour des orientations différentes de sa production, tant dans le choix de ses productions que dans sa manière de les conduire. L'agronome sera soucieux du travail de son sol, le technicien préfèrera privilégier l'usage de son matériel, le gestionnaire raisonnera en fonction de la marge nette de sa production, le commercial pensera d'abord à la valorisation du produit, le communicateur s'attachera à montrer une bonne image de son travail, l'environnementaliste cherchera avant tout à ne pas polluer.

Les pratiques culturales des agriculteurs correspondent donc aux façons de satisfaire les fonctions vitales des plantes, dans les conditions de milieu qui sont les leurs.

B - La plante : une *usine* végétale ?

La culture des plantes a connu au fil des siècles des changements extraordinaires.

- La sélection des plantes a toujours existé, d'abord par le choix des espèces à domestiquer, puis par le mode d'utilisation de chacune (plantes alimentaires, plantes fourragères, plantes textiles, plantes industrielles, et maintenant plantes productrices de molécules (pharmacie, cosmétique, énergie...), et enfin par leur amélioration génétique (sélection, greffe,hybridation, puis clônage, puis modification du génome —OGM—).
- L'alimentation des plantes a connu une forte rationalisation, avec la découverte du mode d'alimentation minérale, et plus tard la fabrication d'engrais minéraux de synthèse.
- La protection des plantes a également pris de plus en plus d'importance, jusqu'à un excès de protection par prévention qui introduit des pesticides dans les chaînes alimentaires, d'où une volonté de retour à une protection raisonnée, voire intégrée, ou encore biologique[8].

---

[8] La protection raisonnée des cultures consiste à protéger les cultures de manière chimique, mais en évitant les traitements préventifs systématiques.

La protection intégrée consiste à utiliser tous les moyens de lutte disponibles contre les ennemis des cultures (physiques, chimiques, biologiques) afin d'éviter au maximum les produits chimiques.

• L'adaptation du milieu de culture aux besoins des plantes s'est également beaucoup approfondie au fil du temps, pour permettre aux plantes d'exprimer au maximum leur potentiel : drainage du sol, irrigation, apports d'amendements calcaires et de fumier... mais aussi cultures sous serre et hors-sol.

La plante est devenue ainsi de plus en plus performante, qu'elle soit isolée (cas des plantes arbustives ou en pots) ou en peuplements (cas des céréales et des autres plantes de plein champ). Mais le fait de s'occuper autant d'elle, en particulier en la sur-nourrissant, l'a rendue plus fragile, et surtout plus dépendante du mode de culture, au risque de faire oublier à quel point le végétal est à la base de la production agricole.

En effet, sans la plante, les animaux et les hommes ne pourraient pas vivre. La plante est un être autotrophe (se nourrit par elle-même) alors que les animaux sont des êtres hétérotrophes, et cela grâce à la fonction fondamentale de la photosynthèse. Grâce à son pigment vert, la chlorophylle, la plante a la capacité de transformer l'énergie lumineuse et le dioxyde de carbone de l'air en molécules organiques carbonées, bases de la vie. Et cette fonction permet dans le même temps de rejeter de l'oxygène qui va renouveler l'air consommé par la respiration de tous les êtres vivants, en complément du recyclage du dioxyde de carbone rejeté par la respiration. Donc, clairement, sans le végétal, la vie sur terre n'aurait pas été possible. Et il est important de le rappeler, car notre vision anthropocentriste nous fait nous intéresser plus aux animaux qu'aux végétaux.

Comme le regrette Francis Hallé[9], *que la plante soit profondément différente de l'animal, c'est un lieu commun. Ce que l'on réalise moins, c'est que la biologie actuelle, conçue sur la base de ce que nous savons de l'animal, ne tient pratiquement aucun compte des plantes. Cela est dû en partie au retard de nos connaissances dans le domaine végétal, lequel nous réserve encore de grandes surprises.*

La protection biologique répond au cahier des charges de l'agriculture biologique, qui n'autorise que quelques produits de traitement considérés comme peu nocifs pour l'environnement.

[9] Françis Hallé, *Éloge de la plante, pour une nouvelle biologie*, Seuil, 1999.

Ainsi, le règne végétal, extraordinaire par sa diversité, par sa puissance à coloniser la plupart des espaces, par sa capacité à se nourrir d'eau et de sels minéraux, par sa place essentielle dans toutes les chaînes alimentaires, mérite d'être reconsidéré comme être vivant, plutôt que comme simple usine végétale à produire des molécules utiles aux animaux et aux hommes.
Françis Hallé, qui provoque notre esprit en posant la question : *les plantes sont-elles des personnes* ? , constate qu'*en Europe, ces idées-là choquent ; mais*, déclare-t-il, *qui faut-il croire, de l'Occidental qui nie la personnalité des plantes sans jamais avoir accordé beaucoup d'attention à ces dernières, ou du guérisseur (*amérindien*), qui passe sa vie entière au contact des flores les plus riches du monde, pénétrant l'intimité de milliers de plantes, devenant pour elles davantage qu'un familier, un complice ? J'ignore qui, des deux, a le plus d'autorité dans un domaine aussi subtil.*
Je n'ai pas grand chose à ajouter au débat ; seulement ceci, que savent bien tous ceux qui ont cultivé des plantes pour leur plaisir : si elles ne se défendent jamais lorsqu'on leur fait mal, elles sont très sensibles aux attentions, même maladroites, qu'on leur accorde. Un peu de bon sens et de respect, un peu de bonne terre, un peu de chaleur, d'eau et de lumière, contre un résultat magique ; beaucoup de nos contemporains, fort heureusement, en tiennent compte, et ceux-là m'approuveront.
N'y-a-t-il pas, dans les propos de ce chercheur reconnu[10] en botanique, une réflexion à engager pour que la vision de la plante en agriculture bénéficie enfin d'un jugement moins mécaniste ?

C - La relation sol-climat-plante-animal-techniques d'élevage

A l'instar de la plante, l'animal grandit dans des conditions de milieu (environnement écologique). Même dans les élevages hors-sol, les conditions écologiques locales sont primordiales, ne serait-ce que l'humidité de l'air et la température ambiante.
L'animal croît et se développe grâce aux fonctions essentielles que sont la respiration, qui fournit l'énergie, et la digestion de

[10] Françis Hallé est Professeur à l'Institut de botanique de l'Université de Montpellier.

son alimentation, qui lui fournit tous les matériaux de base (l'eau, les sels minéraux, les glucides, les lipides et les protides) nécessaires au fonctionnement cellulaire (lequel recompose des glucides, des lipides et des protides indispensables à la croissance et au développement).
Contrairement à la plante, l'animal doit trouver toutes les molécules organiques, dont il a besoin pour grandir, dans son alimentation, d'où sa dépendance vis-à-vis de la plante. Ainsi, plus la plante possède de qualités alimentaires proches des besoins de l'animal, plus la croissance et le développement de l'animal sont satisfaisants. L'autre différence avec la plante est la mobilité de l'animal. Cette mobilité est à la fois un avantage dans l'élevage, puisqu'il permet à l'animal de se déplacer pour aller chercher son alimentation (élevage nomade, transhumance...), mais elle est aussi un inconvénient, car elle oblige l'éleveur à gérer le déplacement des animaux, soit parce qu'ils vaquent sur des parcelles non autorisées (par exemple dans des parcelles de culture ou celles du voisin, d'où les parcs à animaux), soit parce qu'ils consomment trop d'énergie en déplacement, ce qui concurrence l'objectif de production (en production très intensive, on a supprimé ces déplacements par la stabulation permanente).
L'élevage consiste donc en la fourniture des conditions de milieu et des conditions d'alimentation les meilleures, pour que l'animal exprime son potentiel.
Comme pour la culture végétale, les pratiques d'élevage sont très diversifiées selon les conditions de milieu (type de climat, type de sol, type de végétation) et les objectifs de l'éleveur : la partie de l'animal à produire (viande, lait, œufs...), les critères de rendement (quantité, qualité...) et les représentations qu'il a de son métier. La production animale s'avère plus complexe que la production végétale car, d'une part, le métabolisme de l'animal est plus élaboré et est fragilisé par sa grande dépendance à la qualité de sa nourriture, et, d'autre part, l'individu-animal a une valeur monétaire beaucoup plus élevée que l'individu-plante, d'où la nécessité de soins plus précis.
La spécialisation des métiers de cultivateur et d'éleveur a enlevé de l'importance à la relation entre l'animal et le sol. Mais cette relation existe toujours, par l'apport du fumier sur les parcelles. Elément-clé de la chaîne du vivant, elle a préservé

l'équilibre agronomique pendant plusieurs siècles en Europe, et le développement de la production agricole. En effet, par le respect du cycle de la matière organique du sol, les agriculteurs-éleveurs redonnaient au sol ce qu'ils faisaient prélever par leurs cultures et leurs animaux. L'animal a encore ce rôle dans la relation sol-climat-plante-animal, mais le maintien de la fertilité n'est plus tributaire du fumier, comme antérieurement. Au contraire, la gestion des excréments des animaux est devenue une contrainte dans les élevages industriels. On parle de la gestion des effluents d'élevage, les excréments n'étant aujourd'hui que des déchets dont on ne sait que faire. La rupture du cycle de la matière organique avec le mode productiviste de l'agriculture industrielle modifie fortement le rôle de l'élevage dans la société moderne.

D - L'animal et la machine

Depuis toujours, le statut de l'animal dans la société a été ambigu, du fait de sa plus grande proximité physiologique avec l'homme, contrairement au végétal. L'animal inspire à l'homme une incroyable diversité de représentations et de traitements et, avec Jussiau, Montméas et Parot[11], on peut considérer qu'il existe aujourd'hui cinq catégories d'animaux, selon les fonctions et les statuts que l'homme lui assigne.

- Les animaux de rente sont élevés pour la fourniture de produits de consommation. Ils sont aujourd'hui les *sacrifiés* de notre société, d'autant plus que le mode productiviste a renforcé le seul aspect marchand de ces animaux.
- Les animaux de confrontation sont ceux avec lesquels l'homme se mesure (chasse, pêche, corrida, cirque).
- Les animaux d'assistance représentent ceux auxquels l'homme délègue une partie de ses attributions, parce qu'il considère que l'animal fait mieux que lui (chien d'aveugle, chien d'avalanche, chiens de garde, insectes et acariens utilisés pour la lutte biologique…).
- Les animaux de compagnie valorisent le maître tout en procurant un substitut affectif.

---

[11] Roland Jussiau, Louis Montméas et Jean-Claude Parot, *L'élevage en France, 10 000 ans d'histoire*, Éducagri Éditions, 1999.

• Les animaux de thérapie et d'éducation permettent à l'homme, et en particulier à l'enfant, de tirer parti des effets vécus inconsciemment avec l'animal familier. Le cheval est l'animal emblématique de cette catégorie.

L'élevage de tous ces animaux est du ressort de l'activité agricole, et seules les quatre dernières catégories se développent aujourd'hui dans notre société urbanisée. Quand on parle d'élevage en agriculture, on ne pense qu'aux animaux de rente, les autres élevages étant considérés comme hors agriculture.

L'élevage des animaux produits pour la consommation humaine est certes le plus développé, et c'est celui-ci qui est montré du doigt aujourd'hui par le consommateur et le citoyen. D'une part, les méthodes d'élevage très intensives ont transformé l'animal en machine, et d'autre part, l'intensification a introduit des pratiques en rupture avec l'idée que le citoyen se fait de la chaîne du vivant : la distribution de farines animales à des herbivores à l'origine de la maladie de la *Vache folle* (Encéphalite Spongiforme Bovine), l'injection d'hormones de croissance, entraînant le déséquilibre physiologique des animaux, les manipulations génétiques effrayant la population par le risque éventuel de fabriquer des monstres.

La proximité de l'animal par rapport à l'homme engendre des peurs bien plus grandes que celles provoquées par l'intensification des productions végétales, ce qui n'est pas tout à fait normal. Cependant, la réalité montre bien que des pratiques excessives ont eu lieu dans les élevages, parce que l'animal a été traité comme une machine, et parce que l'agriculteur a été transformé en industriel.

Pourtant, dans la majorité des élevages, perdure un type de relation de l'éleveur avec ses animaux où les affects occupent encore une grande place. Il est d'ailleurs observé chez les éleveurs des *savoirs affectifs* [12] qui favorisent la productivité des animaux, en particulier parce qu'ils sont moins souvent malades. Cela signifie bien qu'il faut retrouver des pratiques d'élevage prenant mieux en compte le bien-être animal, et permettant de retrouver chez l'animal son statut d'être vivant à part entière.

---

[12] Philippe Prévost, *Activité agricole, régulation biologique et transmission des savoirs agronomiques*, Techniques et documentation, 1999.

Au-delà du statut de l'animal d'élevage, se pose également le problème du statut de l'élevage dans notre société post-industrielle. D'un côté, l'animal ne joue plus le rôle qui lui était assigné dans les époques précédentes (restitution de la fertilité par le fumier, fourniture d'énergie par le trait). De l'autre côté, l'élevage moderne a une utilité de plus en plus douteuse.

- La consommation de produits animaux, et surtout la viande, ne se développe plus, et est même en diminution avec les crises sanitaires (vache folle, listériose, salmonellose...).
- La production de protéines animales a un coût énergétique considérable, en comparaison avec la production des protéines végétales, et n'est pas compatible avec le besoin exponentiel de protéines pour nourrir la population mondiale.
- Les ruminants, et en particulier les bovins, sont accusés de participer à l'effet de serre par la production et le rejet de méthane, avec la rumination.

Par contre, d'autres utilités sont avancées, mais nous verrons qu'il s'agit principalement de nouveaux besoins exprimés par les urbains.

Le monde agricole prend conscience de ce changement important dans le rôle de l'élevage, ce qu'a traduit récemment Joseph Bonnemaire[13] , pour l'INRA : *d'une manière générale, les déterminants principaux de l'évolution de l'élevage sont extérieurs à lui, comme beaucoup de résultats ou conséquences. Or la recherche sur les systèmes de production est trop restée dans une problématique interne à la sphère agricole d'une part, centrée sur la* machine animale *vue exclusivement comme une machine biologique d'autre part. Cette pluralité de points de vue* (biotechnique, économique et technologique, écologique et géographique, sociétal*), et la mobilisation de disciplines très diverses qui en découle, autour des questions de relations – inscrites dans un ou des projets – entre des animaux, des ressources et des hommes, et en recourant aux méthodologies correspondantes de ces différentes disciplines, doit permettre*

[13] Joseph Bonnemaire, « *L'élevage, entre science, technologie, nature et société* », Comptes rendus de l'Académie d'Agriculture de France, n°4-2001.

de dépasser ces limites et de développer des approches plus pertinentes.

6 – Cultures, élevage et biodiversité

L'agriculture ne produit aujourd'hui qu'une vingtaine d'espèces végétales et une dizaine d'espèces animales (en dehors des plantes horticoles et des animaux de compagnie, dont le commerce est basé sur la diversité des caractères). Nombre ridiculement petit, en regard des millions d'espèces végétales et animales vivant au sein de chacun des écosystèmes.

Mais c'est le principe même de l'agriculture, c'est-à-dire l'exploitation de la nature au profit de l'homme, qui a entraîné au fil de l'amélioration des techniques, cette réduction du nombre d'espèces produites.

Dans les écosystèmes naturels, le nombre d'espèces présentes augmente avec le temps, et l'organisation de l'écosystème se complexifie. Un certain équilibre s'installe, mais la biomasse utile à l'homme reste faible. C'est d'ailleurs pour cela que la forêt n'a jamais nourri des populations nombreuses.

Par l'agriculture, l'écosystème est simplifié du fait qu'il y a défrichement, suppression des espèces dites *nuisibles* ou *parasites*, création de conditions de milieu très favorables à l'espèce produite, et enfin sélection des génotypes de l'espèce produite, qui accentue les effets précédents.

L'amélioration progressive des techniques a entraîné un reflux des espèces non utiles pour l'homme, d'abord par limitation de leur aire de vie dans les zones non agricoles, puis par destruction plus ou moins totale, avec l'arrivée des traitements chimiques.

Cet écosystème est appelé par les écologues *l'agrosystème*, car il est tellement simplifié qu'il est devenu un système artificiel homme-culture-élevage, où la nature n'a plus tellement d'expression. Cette simplification extrême pose cependant un certain nombre de problèmes, actuels et à venir. Actuellement, la disparition de certaines espèces engendre des ruptures de chaînes alimentaires, et l'agriculteur voit apparaître de nouvelles espèces nuisibles, jusqu'alors limitées par leurs prédateurs. L'homme a ainsi détruit, sans le savoir, des espèces qui étaient pour lui des espèces utiles (qu'on appelle *espèces*

auxiliaires). Par ailleurs, d'autres espèces dites nuisibles ont développé des gènes de résistance face aux agressions liées aux produits chimiques, et augmentent encore leur nocivité. C'est le cas de nombreuses bactéries, de champignons pathogènes, ou d'insectes ravageurs des cultures. Pour les années à venir, la diminution de la biodiversité, c'est-à-dire du nombre d'espèces végétales et animales dans la nature, pose le problème crucial de la ressource génétique naturelle appauvrie. Dans les écosystèmes naturels, la stabilité existe de par la grande diversité des espèces et un équilibre dynamique entre ces espèces. Si un accident intervient (climatique, ou autre), une adaptation se produit et, même si une espèce disparaît, l'écosystème perdure parce que se recréent de nouvelles relations entre les espèces présentes. Dans l'agrosystème, un accident entraîne très rapidement une catastrophe. En agriculture intensive, une perturbation climatique entraîne facilement la pullulation d'une espèce parasite d'une culture, parce que celle-ci n'a plus de prédateur dans la nature, d'où la nécessité de traitements chimiques préventifs. Dans les modes d'agriculture en protection intégrée, de nombreux accidents climatiques n'entraînent pas de pullulation d'ennemis des cultures, parce que des espèces auxiliaires sont présentes dans l'environnement (dans les haies, dans les bordures de champs, ou dans la culture elle-même). Dans les élevages menés en agro-biologie, les animaux sont également moins sensibles aux agressions d'espèces nuisibles, parce qu'ils ont été habitués dès leur plus jeune âge à être au contact d'agents pathogènes sans traitement préventif, et ont pu développer une immunité.
La sensibilité accrue aux agents pathogènes des espèces végétales cultivées et des espèces animales élevées, est donc en partie due à la diminution de la biodiversité. Il en est de même pour le consommateur qui, en diminuant ses contacts avec un grand nombre d'espèces animales et végétales, que ce soit par la réduction d'espèces servant à son alimentation, ou par l'absence de contact avec des espèces pathogènes (par les faibles contacts avec l'environnement naturel dans une résidence urbaine ou par les excès de vaccination qui, aussi nécessaires soient-ils pour la santé publique, entraînent sur le plan individuel une plus faible immunité), affaiblit sa capacité d'adaptation aux aléas sanitaires.

L'autre risque de l'appauvrissement de la ressource génétique est la diminution globale de la capacité d'adaptation de la vie aux évolutions des conditions de milieu. La planète a connu des modifications de conditions de milieu très importantes depuis des milliards d'années qu'elle est née, et elle en connaîtra d'autres. Lors de ces changements importants, la vie a pu continuer parce qu'il y avait dans la nature des espèces qui ont pu ou ont su s'adapter aux nouvelles conditions. C'est pour cela que plus la diversité est grande, plus la capacité d'adaptation est forte. D'où la nécessaire préservation de la biodiversité, pour éviter que l'action de l'homme engendre une trop faible capacité d'adaptation, en cas d'accident écologique.
L'agriculteur gère une part importante de l'espace, et son rôle dans le maintien de la biodiversité s'avère d'autant plus déterminant aujourd'hui que ses pratiques peuvent détruire des espèces en dehors de l'espace qu'il gère (pollutions diffuses par les pesticides et par les engrais chimiques [pollutions nitriques des nappes phréatiques, eutrophisation[14] des rivières et des lacs]). A cela, certains rétorqueront que le développement d'organismes génétiquement modifiés peut justement favoriser la biodiversité, par la création humaine de nouveaux génotypes. Certes, à condition que ces nouveaux génotypes ne soient pas eux-mêmes sources de réduction de la biodiversité, par un comportement parasite au sein de la nature. L'autre voie est que l'agriculteur modifie ses pratiques pour ne pas détruire des espèces jusqu'à leur extermination, en se comportant comme un partenaire de la nature, et non comme l'exploiteur. Cette dernière voie est plus sûre, car elle évite de jouer à l'apprenti-sorcier, tout en replaçant l'homme au cœur du système-nature.
Nous avons vu que l'agriculteur intervient toujours sur le milieu vivant : le sol, le végétal, l'animal. La complexité du vivant est telle que, d'une part, la connaissance des phénomènes est incomplète, et qu'elle le sera toujours, parce que le vivant évolue en permanence vers une complexité accrue, et d'autre part, la gestion du vivant ne peut faire abstraction des phénomènes d'auto-organisation interne (ou régulation interne)

[14] L'eutrophisation correspond à un développement de certaines espèces d'algues, par excès de phosphates d'origine agricole ou urbaine (en provenance des lessives et des produits détergents), entraînant une asphyxie progressive de nombreuses espèces aquatiques.

indépendants de tout système de pilotage. Aussi, quand bien même l'homme améliorerait sa science et sa technologie, il aura toujours un certain retard sur l'évolution du vivant, et sur les réactions du vivant au sein de la nature. Il est donc préférable d'accompagner les phénomènes naturels par une régulation externe des flux d'énergie, de matière et d'informations au sein du milieu naturel par l'agriculteur[15], ce dernier devant garder comme objectif de tirer le profit maximum de la nature, mais dans le respect de la stabilité du système qu'il exploite, que l'on appelle désormais *l'agro-écosystème* (plutôt qu' *agrosystème*). Dès lors que l'agriculteur utilise le sol et l'espace rural, il n'a pas d'alternative à l'intégration de ses pratiques dans la grande chaîne du vivant, que constitue l'écosystème-nature. En effet, l'agriculteur ne peut être aujourd'hui que partenaire de la nature, en pilotant son fonctionnement dans le respect des équilibres fragiles de l'écosystème cultivé, ce qui suppose une éthique de ses interventions, et donc une acceptation de certains accidents dans la production (variabilité de rendement, variabilité de la qualité). Sinon, il redevient exploiteur.

7 - Les produits agricoles, produits issus de la chaîne du vivant

La description de la chaîne du vivant, du sol jusqu'au produit agricole, nous a amené à ne nous intéresser qu'à deux branches de l'agriculture que sont les productions végétales et les productions animales. Or, les produits de l'agriculture française et européenne peuvent se répartir en quatre catégories.

- Les productions végétales

Céréales (blé, orge, maïs, avoine, seigle), plantes sarclées (betterave sucrière, pomme de terre), oléoprotéagineux (soja, tournesol, colza, pois, féverole, lupin blanc), cultures fourragères (légumineuses [trèfle, luzerne, sainfoin], graminées [ray-grass, fétuque, dactyle]), horticulture (cultures légumières et maraîchères, arboriculture fruitière,

[15] Philippe Prévost, *Activité agricole, régulation biologique et transmission des savoirs agronomiques*, Techniques et documentation, 1999.

cultures ornementales, productions florales, pépinières de jeunes plants).

• Les productions animales

Productions bovines (viande, lait), productions ovines (viande, lait), productions caprines (lait, viande), productions avicoles (œufs, poulet de chair, canards, pintades, oies), production cuniculicole (lapin), petits élevages (pigeons, escargots, apiculture...).

• Les produits de la forêt (sylviculture)

Bois de construction, bois d'œuvre, bois de chauffage, bois pour l'industrie (papier, produits cellulosiques).

• Les produits de la pêche et de la pisciculture

Poissons, coquillages, fruits de mer, crustacés.

Et ne surtout pas oublier ces deux dernières catégories, qui ne sont pas toujours considérées dans l'activité agricole, pour des raisons diverses (spécificité des métiers, mode de production…), mais qui ont, comme pour les autres productions, la particularité de produire des êtres vivants.

Deux autres critères enfin, sont à prendre en compte dans la catégorisation des produits agricoles : leur destination et leur mode de production.

La destination des produits agricoles est très variable et organisée en secteurs : le secteur de l'alimentation humaine, pour la plupart des produits végétaux, animaux et de la pêche ; le secteur de l'alimentation animale, principalement pour les céréales et les oléoprotéagineux transformés en farines, miettes ou granulés ; le secteur des loisirs, pour les produits de l'horticulture et de l'élevage d'animaux de compagnie ; le secteur des produits domestiques pour le bois, le maïs (emballages biodégradables) ou des produits agricoles exotiques comme le latex de l'hévéa (caoutchouc), le coton ou la soie, où c'est la destination essentielle ; le secteur des produits pharmaceutiques et cosmétiques pour de nombreuses plantes médicinales ou à parfum, mais également maintenant pour d'autres plantes dont la culture a pour seul but la production d'une molécule particulière qui servira à l'élaboration d'un produit (on parle de *moléculture*) ; le secteur de l'énergie, pour le bois mais aussi pour les céréales (éthanol

intégré à l'essence) et les oléoprotéagineux (diester pour la production du gasoil).
Quant aux modes de production, leur diversité est également forte, et on peut les distinguer selon un gradient d'artificialisation.

- La production du milieu naturel consiste à récolter ce que les conditions de milieu permettent, avec une intervention humaine très faible, limitée à la rotation des lieux de récoltes pour permettre la régénération : c'est le cas de la pêche en mer, de la gestion de la forêt, de la cueillette des plantes médicinales.
- La production de l'agriculture naturelle correspond à un mode de production sans apport d'énergie ou de matière extérieur au milieu de culture. Cette forme d'agriculture existe en France sous le terme de *permaculture*, et les principes en sont développés dans la théorie de l'agriculture naturelle de Fukuoka[16].
- La production de l'agriculture biologique répond à un cahier des charges et correspond à un signe de qualité officiel européen (AB). Il existe plusieurs écoles d'agriculture biologique, certaines plus proches de l'agriculture naturelle, comme l'agriculture biodynamique qui cherche à utiliser d'abord les ressources du milieu de culture, d'autres plus proches de l'agriculture conventionnelle, avec une production intensive, mais qui n'utilise pas certains intrants, en particulier les produits chimiques de synthèse.
- La production de l'agriculture conventionnelle est l'agriculture utilisant toutes les technologies modernes, permettant l'amélioration de la productivité du milieu. La recherche d'une agriculture durable entraîne l'évolution de cette agriculture vers une agriculture raisonnée, qui utilise toutes les techniques de production, mais en limitant les actions, afin de respecter les ressources naturelles (eau, sol, air).
- La production de l'agriculture hors-sol, qui concerne les élevages hors-sol et les cultures horticoles hors-sol (légumes

---

[16] Masanobu Fukuoka, *L'agriculture naturelle ; théorie et pratique pour une philosophie verte* , Guy Trédaniel Éditeur, 1989.

et fleurs), est conduite dans des conditions presque industrielles, car l'artificialisation du sol et du climat permet de supprimer un certain nombre d'aléas.

Cette catégorisation selon le type de produit, le mode de production et leur destination, permet de voir à quel point la diversité des produits agricoles est grande, et qu'il est aujourd'hui bien difficile de parler d'*une* agriculture.

Cependant, il existe un lien entre tous ces produits de l'agriculture, qui est la constitution vivante du produit, puisque ce sont toujours des végétaux ou des animaux qui sont produits. La caractéristique finale de ces produits est de ne pas être inertes, comme un objet matériel, et le produit livré par l'agriculteur à son client est un produit dont le cycle de vie n'est pas terminé. En effet, soit le produit est une partie d'une plante (graine, racines, fleur, fruit, feuilles ou plantes sans racines, tubercules) ou d'un animal (organe, muscles de viande, lait, œuf...), et cette partie, si elle n'est pas stockée dans des conditions particulières ou transformée, va se décomposer par le processus de fermentation, puis de minéralisation, soit il correspond à une plante entière (plante en pot) ou à un animal sur pied, et doit continuer à être nourri sous peine de mourir.

II - Du produit agricole à l'aliment

Reste que, si la base vivante du produit agricole n'est pas contestable, les évolutions en cours, de plus en plus, elles, nous interpellent.

Joël de Rosnay[17] rappelle qu' *un organisme vivant est un système capable d'assurer sa propre conservation, de se gérer lui-même et de se reproduire.* Mais, encore faut-il que cet organisme se trouve en conditions naturelles. Un certain nombre de plantes et d'animaux produits par l'activité agricole sont de plus en plus sous la dépendance de l'homme et, en ce sens, il faut se demander si certains produits agricoles répondent encore à la définition de Joël de Rosnay. En dehors de la nécessaire intervention humaine, puisque certaines

[17] Hubert Reeves, Joël de Rosnay, Yves Coppens, *La plus belle histoire du monde*, Seuil, 1996.

variétés ou races créées de plantes et d'animaux sont incapables de se gérer elles-mêmes (cultures ou élevages hors-sol, variétés intensives peu rustiques), l'évolution de la génétique vers des variétés stériles (en particulier chez les organismes génétiquement modifiés) entraîne aussi l'incapacité à se reproduire.
Cette base vivante du produit agricole, lorsque celui-ci se transforme en aliment, devient encore plus source de questionnement, puisque le phénomène d'artificialisation, déjà abordé dans la production agricole, est une règle dans la transformation des produits.

1 - Les différentes étapes, de la production à la consommation, des produits agricoles

Chaque production agricole appartient à une filière, et est ainsi rattachée à un circuit économique particulier, plus ou moins indépendant des autres productions. Au sein de la filière d'un produit, les différents niveaux sont le stockage et la conservation, la transformation, la distribution, le stade ultime étant la consommation. On parle de *l'aval* de la production.

A - Le stockage

Le stockage consiste à maintenir le produit dans le même état que lors de la récolte, soit dans l'attente d'une consommation rapide (vente de produits frais : légumes, fruits, viande...), soit dans l'attente d'une transformation (c'est le cas des céréales ou du lait), soit pour mieux étaler l'offre de productions dans le temps, afin d'éviter la déstabilisation du marché (c'est l'exemple de la pomme, récoltée en octobre, qui est vendue toute l'année grâce à un stockage au froid et à l'air conditionné qui bloque la dégradation du fruit). La réfrigération est devenue le mode de stockage le plus courant et le plus efficace.

B - La conservation

La conservation des produits, qui a toujours été recherchée pour mieux étaler la consommation de la production tout au long de l'année, consiste à faire subir un traitement au produit récolté afin d'éviter une altération empêchant sa consommation. La conservation est un premier stade de transformation, puisque les propriétés du produit sont différentes de celles du produit frais. Par ailleurs, plusieurs modes de conservation concernent autant les produits frais que les produits transformés. Les procédés de conservation sont nombreux, et très sophistiqués pour certains. Retenons les principales techniques en ce domaine.

- La déshydratation et le séchage consistent à abaisser la teneur en eau du produit (graines, fourrages, fruits, lait, pomme de terre), permettant à la fois la conservation mais également la concentration du produit afin de faciliter le transport avant transformation (jus de fruits).
- La lyophilisation, procédé de séchage, s'effectue en deux temps : congélation du produit et extraction de l'eau par phénomène de sublimation (passage immédiat de la glace en vapeur d'eau, du fait de conditions de pression et de température spécifiques). Ce procédé présente l'avantage d'altérer très faiblement les propriétés du produit initial, en particulier le goût.
- La pasteurisation, traitement thermique inférieur à 100°C, permet de détruire de manière sélective une partie des micro-organismes favorisant l'altération du produit, sans dégrader certaines propriétés du produit, comme le goût.
- La stérilisation, traitement thermique supérieur à 100°C, est utilisée pour les produits en vrac. L'exemple type est le lait UHT (Ultra Haute Température). Le lait est pulvérisé dans une chambre de vapeur à 140°C, puis refroidi, avant d'être emballé dans un matériau en conditions stériles.
- L'appertisation, inventée par Nicolas Appert vers 1800, est un procédé de stérilisation des aliments déjà conditionnés, en boites de fer blanc ou en bouteilles. Ce sont les classiques conserves. De nombreux produits, frais ou transformés, peuvent être conservés par cette méthode, qui présente de nombreux avantages : délai de consommation, conditions naturelles de stockage, facilité de distribution, etc.
- La congélation consiste à refroidir rapidement un produit à très basse température (au minimum –18°C au cœur du produit), est un mode de conservation qui s'est fortement développé avec la possibilité de maintenir une chaîne du

froid (à –20°C) de la fabrication à la consommation. La surgélation est un mode de congélation qui permet un refroidissement accéléré du produit à –18°C (quelques minutes), ce qui favorise un meilleur maintien des propriétés du produit initial.

• L'ionisation est une technique utilisant la propriété des rayons gamma d'arracher un électron à la matière traversée, et favorisant ainsi la durée de conservation. Ce procédé est peu utilisé, car coûteux et mal perçu par le consommateur, et il concerne surtout les épices et les aromates destinés à l'industrie.

C - La transformation

La transformation des produits agricoles couvre un ensemble de procédés d'une diversité et d'une complexité qui ne cessent de croître. Le développement de l'industrie agro-alimentaire, la recherche permanente de nouvelles niches commerciales, l'évolution des modes de distribution et de consommation sont autant de facteurs favorables aux innovations dans le génie alimentaire. Il existe deux catégories de transformations, celle qui permet d'obtenir des matières premières réutilisées dans la fabrication des aliments (les concentrés industriels comme les matières protéiques du lait ou de végétaux, lécithine de soja par exemple), et celle qui permet la fabrication d'aliments. Dans les aliments transformés, on ne prend pas en compte les produits frais (légumes, fruits, viande...) qui subissent un conditionnement pour la vente au consommateur mais sans que le produit subisse de traitement qui modifie les propriétés du produit agricole d'origine (par exemple, pour obtenir une barquette de viande, il y a eu abattage de l'animal en abattoir, stockage en frigo, découpage, et conditionnement du produit frais). Dans les produits transformés, on distingue donc différentes catégories.

• Les produits de quatrième gamme concernent des produits végétaux crus, frais et prêts à l'emploi. Les produits les plus courants étant la salade, les crudités et les salades de fruits. Grâce à des bains de trempage à l'eau chlorée et en présence d'antioxydants (comme l'acide citrique), les légumes et les fruits peuvent être vendus découpés (et donc prêts à être assaisonnés), ce qui intéresse fortement la restauration collective.

- Les produits alimentaires de filière sont des produits prêts à consommer ou non, et apportant une forte valeur ajoutée au produit agricole frais : produits laitiers, produits de la charcuterie, produits de la mer, produits de céréales, produits de la boulangerie, produits de la pâtisserie et de la biscuiterie, les huiles végétales, les vins et les spiritueux, les boissons…
- Les plats cuisinés conditionnés sont des produits alimentaires prêts à l'emploi, conservés sous vide, appertisés ou surgelés, sont des repas préparés.
- Les alicaments sont des préparations alimentaires répondant à des besoins nutritionnels spécifiques. Après le développement spectaculaire des aliments allégés et à valeur énergétique réduite pendant les vingt dernières années, de nouveaux produits arrivent sur le marché pour répondre à de nouveaux besoins : produits enrichis en vitamines ou en oligo-éléments, produits contenant une substance médicamenteuse…

Pour obtenir ces différents produits alimentaires, les procédés sont très variés et peuvent croiser divers procédés.

- Des procédés physiques

Le plus ancien, et encore le plus commun, est la chaleur (cuisson). En dehors des modes classiques de production de chaleur, sèche (four) ou humide (vapeur, bain-marie…), de nouveaux moyens de production de chaleur se développent, avec l'utilisation des rayonnements infra-rouges et des micro-ondes. D'autres procédés physiques sont de plus en plus utilisés : les champs électriques pulsés, pour extraire des composés des cellules (jus de fruits par exemple), les hautes pressions, pour modifier la texture de certains produits (gélification…), la filtration à travers des systèmes de membranes très spécifiques (microfiltration, ultrafiltration, nanofiltration…) qui permet d'extraire des molécules de produits devenant des additifs alimentaires (protéines d'oeufs ou de soja) ou de nouveaux produits (Surimi par exemple), l'extrusion, qui consiste à faire s'écouler un produit à travers un fin orifice et qui en modifie la forme et la structure (corn-flakes, snacks apéritifs...).

- Des procédés chimiques

En dehors des traditionnelles salaisons (charcuterie, produits de la mer, viande) qui utilisent le sel et le salpêtre (nitrates naturels) pour conserver et produire des aliments originaux, de nombreux procédés chimiques se sont développés, soit en améliorant les réactions naturelles des produits, seuls ou en contact avec d'autres (transformation du jus de raisin en vin par exemple), soit en ajoutant des additifs alimentaires (colorants, conservateurs, émulsifiants, anti-oxygène...), des auxiliaires technologiques (produits n'entrant pas dans la composition de l'aliment, mais favorisant la transformation : solvants, catalyseurs, produits de lavage, agents d'enrobage...) ou des arômes (naturels ou artificiels).

- Des procédés biologiques

De nombreux produits alimentaires traditionnels s'obtiennent à partir de phénomènes biologiques, comme la fermentation due à la présence de levures : boulangerie et pâtisserie, yaourts, fromages, choucroute. La sélection d'algues, de bactéries et de champignons pour la transformation alimentaire, permet de développer de nouveaux procédés et de nouveaux produits, et le développement des biotechnologies permet et permettra de très nombreuses innovations dans les technologies alimentaires.

D - La distribution

Après la transformation des produits, ceux-ci sont conditionnés pour entrer dans les circuits de distribution. Le conditionnement mobilise aujourd'hui des moyens toujours plus grands dans la commercialisation des produits, car il assure plusieurs rôles :

- Il permet une bonne logistique de transport de la marchandise, grâce à des choix de formes d'emballage.
- Il représente souvent un moyen de conservation du produit, en cas d'emballage sous vide par exemple.
- Il est le support d'information du consommateur, par l'étiquetage des références du produit.

- Il est aussi, et surtout, un outil de communication du fabricant, car facteur essentiel de vente, par son attrait (formes, couleurs, texte d'appel...) et ses caractéristiques (éco-emballage, facilité d'ouverture, volume et poids...), il constitue l'image commerciale du produit.

Les produits conditionnés sont alors distribués par commerçants successifs, selon des circuits de vente plus ou moins longs.

- La vente directe : lorsque l'agriculteur vend directement ses produits au consommateur après les avoir transformés lui-même à la ferme (produits fermiers).
- Le circuit court : lorsque peu d'intermédiaires interviennent entre le producteur et le consommateur.
- Le circuit long : quand de nombreux intermédiaires interviennent (grossiste expéditeur, grossiste destinataire, demi-grossiste, demi-détaillant, détaillant).

Avec l'évolution du commerce indépendant vers un commerce plus intégré sous forme de chaînes de magasins, la distribution s'est fortement concentrée. Les G.M.S. (Grandes et Moyennes Surfaces) représentent aujourd'hui les 4/5 des ventes de produits alimentaires, et le marché des produits alimentaires est donc sous forte influence des enseignes d'hypermarchés, d'autant plus que les sociétés commerciales continuent à se concentrer.

Le poids de la grande distribution dans la production alimentaire n'a cessé de s'accroître au cours des vingt dernières années, celle-ci ayant imposé progressivement ses référentiels de production et de transformation, ce qui a entraîné une certaine standardisation et homogénéisation des produits agricoles, au profit de l'augmentation de la variété des produits alimentaires par l'augmentation des process de transformation et de conditionnement.

2 - Le produit fermier, le produit artisanal et le produit industriel

Bien distincts au stade la consommation, produit fermier, produit artisanal et produit industriel subissent pourtant les mêmes étapes de production.

Pour la plupart des consommateurs, il n'est pas aisé de comprendre ce qui caractérise chacun des produits, et seul souvent un ensemble de croyances permet de décréter tel ou tel produit bon et sain.

Que nous prenions pour exemple une charcuterie (produit d'origine animale) ou une confiture (produits d'origine végétale), le produit fermier, le produit artisanal et le produit industriel utilisent la plupart du temps la même recette, et donc les mêmes types d'ingrédients de base. Ainsi, une confiture de fraises sera composée de fraises et de sucre, et éventuellement d'un gélifiant et d'un agent d'acidité. De même, un saucisson sera composé de viande et de gras de porc, de sel et de salpêtre, et éventuellement d'un agent conservateur.

Cette similitude de composition ne veut pas dire pour autant qu'il n'existe pas de différence objective entre ces types de produits. Trois différences sont, à notre avis, des facteurs de distinction des produits fermiers, artisanaux et industriels.

- La typicité de la matière première agricole

  Le produit fermier ne va utiliser que la production agricole de l'exploitation, le produit artisanal sélectionne une production locale, mais de plusieurs exploitations, et le produit industriel s'approvisionne sur le marché mondial des matières premières agricoles. Chaque lieu de production agricole ayant ses caractéristiques propres, c'est-à-dire correspondant à un terroir particulier, le produit fermier permettra d'exprimer des propriétés particulières du produit du micro-terroir de l'exploitation agricole. Cette typicité est évidente dans le cas de certains produits comme le vin ou les fruits, elle l'est moins sur les autres produits. Mais il n'y a aucune raison objective pour que cette typicité n'existe pas pour les autres produits, et tout l'art du producteur-transformateur est de favoriser la révélation de cette typicité, par une production et une transformation appropriées (par exemple, production en agro-biologie, utilisation d'une recette ancienne ou création d'une nouvelle recette...). A l'opposé, le produit industriel ne recherchera pas la typicité du produit, car le principal souci est l'homogénéité du produit, et de nombreuses analyses des lots de produits sont réalisées afin d'effectuer des mélanges de produits d'origine géographiques différentes, dans le but d'obtenir un produit mélangé avant transformation aux caractéristiques stables.

• Les modes de process[18] de transformation

Le produit fermier utilise des process technologiques simples, alors que le produit industriel peut utiliser des procédés complexes, d'autant plus qu'il doit répondre à des exigences de la distribution (exemples : augmentation de la durée de conservation par adjonction de conservateurs chimiques, facilité de distribution par des emballages adaptés...). Par ailleurs, plus le produit est de type industriel, plus la mécanisation du process est forte, afin de limiter le coût de la main d'œuvre dans la fabrication et de favoriser la standardisation du produit.

• La proximité du consommateur

La commercialisation du produit fermier se fait la plupart du temps par vente directe, le produit industriel étant distribué par le commerce de plus en plus intégré dans les GMS. Pour le producteur agricole, la proximité du consommateur lui permet toute une pédagogie autour de son métier et de son territoire (ce que permet aussi le produit artisanal). Pour le consommateur, la proximité du producteur le rassure sur la qualité du produit, mais lui permet aussi de développer son imaginaire en liaison avec le produit, et donc de caractériser le produit en qualités subjectives.

Ainsi, entre un produit fermier, un produit artisanal et un produit industriel, il existe des différences objectives dans la fabrication qui peuvent aboutir à des différences plus ou moins grandes dans la qualité du produit. Ces différences ne pourront pas toujours être mesurées par des critères classiques, comme la composition chimique, l'absence de germes pathogènes, ou même la valeur gustative.

De plus, d'autres critères entrent désormais en ligne de compte, tels que l'image du terroir, les critères de durabilité (maintien de l'emploi, protection de l'environnement) ou le lien socio-culturel du produit (relation ville-campagne, recherche de racines, solidarité paysan-consommateur...).

---

[18] *Process*, mot d'origine anglo-saxonne, tend à se substituer, dans le domaine technologique, aux termes de *processus* ou *procédés*.

Les entreprises agro-alimentaires et les firmes de la grande distribution sont très sensibles à ces nouveaux critères, puisqu'il suffit de regarder les linéaires pour comprendre les enjeux de la nouvelle ère : produits de l'agriculture biologique, produits de terroirs, recettes traditionnelles... Cela ne favorise pas la compréhension du consommateur, surtout que ce dernier n'a jamais été éduqué à lire les étiquettes des produits !

3 - La qualité du produit, l'étiquette et les media

La qualité alimentaire : ce terme et cette notion apparaissent déjà tellement galvaudés que nous n'en connaissons plus vraiment le sens. Pour le consommateur, c'est simple, à l'aliment de qualité correspond un produit bon et sain. Mais cette définition ne permet pas de distinguer, d'une part, les caractéristiques du produit qui le rendent *bon et sain* et, d'autre part, l'appréciation subjective du consommateur.
En ce qui concerne le produit agricole, des signes officiels de qualité permettent de garantir un certain nombre de caractéristiques.

- Les appellations d'origine contrôlée (A.O.C.), bien connues pour les vins et les fromages, se développent progressivement pour de nombreux autres produits (légumes et fruits en particulier), et permettent d'identifier le terroir sur lequel a eu lieu la production et le mode de production (respect d'un cahier des charges par l'agriculteur), ce qui garantit certaines caractéristiques de l'aliment.
- Le label rouge, qui garantit un mode de production spécifique par le respect d'un cahier des charges strict, permet d'attester une qualité supérieure du produit par rapport au produit standard.
- Le certificat de conformité, atteste également le respect d'un cahier des charges particulier, et permet au consommateur de savoir comment le produit est obtenu.
- Le label européen d'agriculture biologique, dont le cahier des charges, très restrictif en ce qui concerne les engrais et les pesticides, garantit un produit aussi naturel que possible.

En dehors de ces quatre signes de qualité, d'autres méthodes garantissant une qualité particulière du produit sont en développement : les normes internationales ISO (en particulier pour le management environnemental), la qualification *agriculture raisonnée* ...

Ces différentes catégories de reconnaissance de la qualité des produits agricoles vont nécessiter de la part du consommateur un véritable apprentissage, comparable même pour lui, par ses astreintes, à une sorte de *Permis de consommer*.

En ce qui concerne les aliments, les caractéristiques du produit qui servent à mesurer sa qualité sont en général limitées à certains critères.

- La composition nutritionnelle : les taux de glucides, lipides, protides, vitamines, oligo-éléments, eau, la valeur énergétique, définissent la valeur nutritionnelle.
- L'absence de certains germes pathogènes définit la qualité sanitaire.
- La valeur gustative permet d'apprécier la qualité organoleptique.
- La présence ou l'absence d'additifs alimentaires identifie le type de process de fabrication.
- L'origine des matières premières indique le mode de production agricole : produits issus de l'agriculture biologique ou de l'agriculture raisonnée, produits issus d'OGM...

Ces différentes caractéristiques ne permettent malheureusement pas de définir, pour un aliment, sa bonne qualité ou sa mauvaise qualité. Par exemple, une rillette du Mans avec du sel nitrité sera considérée comme meilleure par ceux qui souhaitent que le risque sanitaire soit faible pendant la conservation, mais moins bonne par ceux qui considèrent que le sel nitrité est un additif cancérigène à partir d'une certaine dose d'ingestion (même si la dose utilisée dans la fabrication est très inférieure à la dose journalière acceptable —DJA—). De même, un produit issu de l'agriculture biologique sera a priori meilleur qu'un produit issu de l'agriculture conventionnelle, sauf si l'agriculteur biologique ne maîtrise pas les carences dans ses sols de nature à provoquer des carences dans les produits agricoles.

Ainsi, existe-t-il un risque croissant que le nombre de signes de qualité, de critères de qualité, et les difficultés de reconnaissance objective de ladite qualité, rendent quasiment impossible le consensus pour définir des normes de qualité alimentaire, sauf pour certains critères simples comme l'absence de germes pathogènes ou la valeur énergétique d'un produit.
Il faut donc commencer par envisager, dans la définition qualitative d'un produit, deux niveaux :

- La qualité objective, pour les critères où il n'y a pas d'interprétation possible : germes pathogènes, composition.
- La qualité subjective, pour les critères difficiles à quantifier ou qui renvoient à une référence morale ou imaginaire : produits naturels ou de synthèse, valeur du terroir d'origine, impact sur l'environnement, commerce équitable…

Cela suppose donc d'abord que la lecture de l'étiquette du produit permette au consommateur de clairement distinguer la qualité objective de la qualité subjective, afin qu'il puisse librement faire son choix.
Actuellement, le consommateur doit consacrer beaucoup de temps et d'énergie à choisir ses aliments dans les linéaires des grandes surfaces s'il tient à respecter certains critères de qualité subjective. En effet, la faible représentation de certains types de produits (issus du commerce équitable, de l'agriculture biologique, sans OGM …) et la difficulté de les identifier rapidement sont des handicaps au développement de la consommation de ces produits dans les grandes surfaces. Il faut des crises importantes, comme celle de la *Vache folle* pour qu'une peur excessive encourage le consommateur moyen à prendre du temps pour regarder mieux ce qu'il achète. Mais, d'une part, ce réflexe ne perdure que chez un pourcentage assez faible des consommateurs et, d'autre part, l'influence de la publicité reprend très vite ses droits, ce qui est au profit d'un mode d'alimentation issu des firmes agro-alimentaires industrielles. L'autre solution pour le consommateur est de se diriger vers des magasins spécialisés (diététique, supermarchés biologiques…). Même si cette démarche de consommateur se développe, elle reste confinée à un certain type de consommateurs (personnes âgées, foyers à une personne,

militants écologistes...), encore très limitée par son coût, son manque de diffusion, et ne peut permettre le développement d'une diversification des modes de production pour une meilleure prise en compte de l'environnement, par exemple.
De gros progrès sont donc à faire dans la lisibilité de la qualité du produit alimentaire, et ce à tous les niveaux .

- Dans le secteur de la réglementation, des avancées essentielles ont eu lieu pour la traçabilité du produit, et donc sa qualité sanitaire. De nouvelles avancées sont à envisager pour obliger le transformateur à préciser des informations correspondant à des critères de choix du consommateur : lieu d'origine des matières premières (terroir), mode d'approvisionnement (groupement de producteurs locaux, marché mondial...), caractéristiques du transformateur (agriculteur, artisan, industrie agro-alimentaire), type de process de transformation (utilisation de radiations, de produits chimiques...)...
- Dans le secteur de la transformation, les nouveaux process technologiques doivent correspondre aux attentes des consommateurs, en particulier leur souhait de développement durable : choix de matières premières de qualité identifiée, limitation des déchets d'emballage, utilisation de produits biodégradables, limitation des additifs alimentaires, économie d'énergie, maintien de l'emploi...
- Dans le secteur de la communication, l'impact de la publicité n'est plus à démontrer. De nouveaux messages sont à construire et à développer pour prendre en compte tous les critères de qualité. Même si les messages de l'amaigrissement et du plaisir sexuel sont vendeurs, il serait temps aujourd'hui que les publicitaires sortent de la seule logique marchande pour reconnaître leur rôle essentiel d'éducateur des consommateurs, en particulier pour l'alimentation. Peut-être faudrait-il envisager, comme dans d'autres secteurs de la communication, la mise en place de quotas obligeant la publicité à l'émission de messages à teneur éducative ? Peut-être aussi les publicitaires, sanctionnés par leurs résultats, reverront-ils leur déontologie ?

• Dans le secteur de la distribution, le choix de présentation des produits qui se distinguent par des critères de qualité subjective influence fortement la lisibilité pour le consommateur. Les grandes surfaces peuvent aujourd'hui se distinguer par ce mode de présentation, et il y faut davantage de transparence, car la confusion entretenue dans la plupart des enseignes est aujourd'hui trop courante. Quant aux magasins spécialisés, il y a certainement de nouveaux concepts à inventer, pour permettre à un nombre plus élevé de consommateurs d'acheter dans ces lieux, soit à partir de ce qui existe déjà (boutiques paysannes, supermarchés bio, coopératives d'achat, associations de maintien de l'agriculture paysanne...) soit à inventer (création d'une marque, d'une chaîne de magasins ...).

• Dans le secteur de la consommation enfin, la capacité du consommateur à choisir le produit qui correspond à ses critères de qualité doit être développée, car elle est actuellement limitée, d'une part par le faible niveau de connaissances du consommateur en la matière et, d'autre part, par la pression commerciale de l'industrie agro-alimentaire, de la transformation à la distribution.

Ainsi, force est bien de l'admettre, il n'est plus possible aujourd'hui de continuer à tenir un discours sur la qualité des produits alimentaires sans développer un nouveau mode de relations entre la production agricole, la transformation agro-alimentaire et la consommation alimentaire.

Des nouveaux outils sont à mettre en place le plus rapidement possible, dans toute la chaîne de la filière alimentaire, sous peine de rendre complètement inintelligible la notion de qualité d'un aliment.

III - L'aliment produit vivant, l'aliment produit à vivre ?
Le choix du consommateur-citoyen

La description des processus de production agricole et de transformation agro-alimentaire a mis en évidence la diversité et la complexité des processus, mais également l'extrême variété des aliments qui arrivent dans notre assiette.

Il est très difficile, dans ce contexte, de distinguer le *bon* aliment du *mauvais*, le sain du malsain, le naturel de l'artificiel, mais aussi le produit fermier du produit industriel, le produit respectueux de l'environnement ou non, le produit porteur d'une éthique ou non.
Cette confusion la plus extrême favorise très fortement le secteur de l'agro-industrie et de l'industrie agro-alimentaire, dont le seul souci est l'amélioration de la productivité du capital et du travail. Or, le souci légitime de rationalisation des opérations de production agricole et de transformation agro-alimentaire ne doit pas pour autant s'opérer au détriment, voire faire oublier l'être humain, pour qui l'alimentation est vitale, à plus d'un titre.
L'alimentation est en effet un des constituants essentiels d'une civilisation, avec la langue et la religion. Les choix alimentaires sont donc, de notre point de vue, un choix de civilisation, d'où l'importance de ne pas considérer l'agriculture comme une banale activité industrielle.
Au cours de ce chapitre, nous avons montré tous les gradients existants dans les modes de production agricole et de transformation agro-alimentaire, du tout naturel au tout artificiel, et du tout paysan au tout industriel. Nous avons pu voir également qu'il ne peut y avoir de vérité absolue s'agissant des bons critères de qualité, puisqu'une partie d'entre eux sont liées à la subjectivité du consommateur.
Le vaste débat de société déjà engagé doit donc viser à définir les critères et les indicateurs de qualité des aliments, desquels découleront les bonnes pratiques de production.
Par contre, nous préconisons l'intransigeance sur la reconnaissance de la nature vivante de la production agricole, qui oblige à intégrer la dimension éthique dans le débat, et à faire du mangeur d'abord un citoyen, ensuite un consommateur.

1 - L'aliment, produit issu de la chaîne du vivant

Jusqu'à ce jour, toute la base de l'alimentation est issue de plantes ou d'animaux, donc obtenue à partir d'êtres vivants, qui sont eux-mêmes produits en grande partie dans le sol, milieu vivant. Cela ne signifie pas que tous les aliments soient vivants, et que certains aliments ne soient pas artificiels. D'une part, les aliments qui arrivent dans notre assiette sont, pour un bon nombre, inertes, parce que les processus vitaux ont été stoppés dans la transformation. D'autre part, certains produits vivants l'ont été de manière artificielle, par une production hors-sol (légumes hors-sol par exemple). Mais les êtres humains se nourrissent en grande partie de produits naturels et vivants.

Il est dès à présent envisageable de nourrir l'être vivant uniquement à partir de produits de synthèse, car les procédés chimiques et biotechnologiques existent pour cela. Mais, de même que la production de clônes d'animaux a été controversée, ne doit-on pas veiller à ce que l'alimentation humaine ne soit à l'avenir issue de produits de synthèse ? Si l'on se réfère à la situation des productions vivantes artificielles de l'homme, nous sommes obligés de constater que la réussite n'est pas totale (le cas le plus récent est la dégénérescence de la brebis Dolly). Une fois de plus, doit-on nourrir les êtres humains de produits uniquement artificiels pour en voir les résultats ?

C'est un choix de société fondamental puisqu'il exprimerait la perfection de la société technologique, la supériorité de l'espèce humaine par rapport à toutes les espèces vivantes, la possibilité pour l'homme de se dispenser des ressources naturelles, pouvant aboutir à une nouvelle mutation voire une divinisation ?

Les indices actuels sur l'état de la planète ne militent sûrement pas en faveur d'un tel choix, et pourtant, nous avons parfois l'impression que l'artificialisation de l'aliment est inéluctable, lorsque nous observons l'évolution des recherches et des process dans le génie alimentaire.

La base vivante de l'aliment nous semble essentielle à maintenir, car elle permet à l'homme de rester dans la grande chaîne alimentaire qui a été la base de l'évolution des espèces. Si l'homme entrait en rupture avec ce processus millénaire de la vie qu'est la chaîne alimentaire, les déséquilibres écologiques qui en résulteraient sont assez difficiles à apprécier aujourd'hui, mais il est certain que le fait de ne plus avoir besoin de la nature pour se nourrir entraînerait de profondes modifications dans le comportement de toutes les espèces animales et végétales, et donc dans les grands processus vitaux de la planète. Il faut dénoncer les risques, pour notre société, d'une dangereuse

dérive alimentaire issue de l'artificialisation (avec des conséquences sanitaires comme l'augmentation des taux de cancer, les allergies, les stérilités, les résistances développées aux antibiotiques...).
Reconnaître aujourd'hui que l'être humain a besoin de la nature pour se nourrir, et que la base vivante de l'alimentation mérite un respect des processus vitaux tout au long de la chaîne alimentaire, nous paraît un choix éthique fort, que nul ne peut plus sciemment éluder.
Sans ce choix éthique, les pratiques de l'agriculture évolueront au gré des sources de profit de la société marchande, et des innovations des chercheurs apprentis-sorciers.
Reconnaître et souhaiter une base vivante de nos aliments, c'est affirmer un choix de société où l'homme est une espèce qui a encore besoin de la nature.

2 - L'aliment, produit culturel

Un des effets de la mondialisation en marche est d'uniformiser les modes de consommation, en particulier alimentaires. Mais un autre effet est d'encourager les populations locales, en retour, à affirmer leur identité. C'est ainsi que les sociétés agro-alimentaires multinationales s'approvisionnent sur le marché mondial en matières premières, et commercialisent des produits standards sur l'ensemble de la planète. Dans le même temps, il se développe une logique de renouveau des traditions culinaires (succès des marques qui valorisent des recettes traditionnelles et des ventes de produits régionaux), un fort développement des appellations d'origine contrôlée et de la traçabilité des produits, et une recherche de communication entre le producteur et le consommateur.
Le fait est que, à mesure que le consommateur prend conscience d'être un citoyen de la planète, il souhaite se raccrocher à une identité, correspondant à un territoire plus ou moins local. C'est déjà le cas pour un certain nombre de biens de consommation culturels (cinéma, musique, chanson), et nous pouvons le constater pour l'alimentation : il n'est pas acceptable que sous couvert de règles commerciales internationales, obligation soit faite aux associations de consommateurs de prouver la nocivité d'un produit (cf. le bœuf aux hormones américain ou les OGM)

au lieu que ce soit l'inverse : obligation faite aux producteurs de prouver l'inocuité de leur produit. Un tel état de choses tend à transformer les consommateurs en cobayes de laboratoire. Nous pouvons rapprocher ainsi l'aliment des autres biens de consommation culturels, surtout dans une société riche, où la qualité des aliments est devenue prioritaire par rapport à la quantité, puisque cette dernière est suffisante depuis plus de trente ans.

Aujourd'hui, l'aliment est à considérer comme issu d'une culture, sa présence sur le marché traduisant la vitalité de cette culture. Les collectivités territoriales ont pris conscience de cet enjeu, et elles favorisent le développement économique qui s'appuie sur les traditions locales. Les personnes qui souhaitent communiquer cette culture utilisent autant l'alimentation que d'autres supports de communication culturelle.

Mais l'aliment, interface, est aussi l'enjeu d'une culture et nous devons relever le défi de transmettre cette culture aux jeunes générations avant qu'ils n'acquièrent d'autres réflexes alimentaires. Là encore, de nombreuses initiatives locales naissent dans les écoles pour apprendre aux enfants à apprécier le goût des produits locaux. Le mot n'est pas trop fort, il s'agit là de Résistance, car c'est bien l'éducation à l'alimentation qui est au cœur de la transmission de la culture alimentaire, et il faut que la société décide et agisse selon le choix de culture alimentaire que nous souhaitons transmettre à nos enfants. Si ce choix n'est pas fait, la culture alimentaire sera imposée par la société marchande, et comme nous avons pu parler de pensée unique, nous parlerions bientôt *d'alimentation unique* et de *culture unique*, c'est-à-dire dominante.

Dorénavant, choisir ses aliments, c'est choisir la société — davantage : la civilisation — dans laquelle nous voulons vivre, et dans laquelle nous souhaitons voir évoluer nos enfants.

En effet, l'acte politique et le choix éthique deviennent beaucoup plus concrets dans le choix des produits consommés que dans le choix d'un parti politique. Le consommateur a donc aujourd'hui un rôle fondamental dans l'évolution de la société, car ses choix sont plus que jamais des actes citoyens.

Reconnaître, et encourager, la consommation d'aliments issus de la chaîne du vivant et participant à la culture de la société, représentent l'alternative à une agro-industrie mondialisée.

III

Du territoire au terroir, La multifonctionnalité de l'agriculture au service du citoyen

Dans notre société de la dualité d'usage des territoires, de la généralisation de l'urbanité, du décalage de la vieille société paysanne masculine localisée avec la nouvelle société de mobilité largement féminisée, le monde paysan, à nouveau, est aux portes du changement. Le futur n'est jamais écrit. Tout dépendra de la construction des imaginaires, de la construction du politique, de la reconquête sur l'imaginaire du territoire rural. Il y a un immense besoin de capacité de mise en scène, de réflexion sur la gestion du vivant, sur l'honneur du métier, sur le plaisir de nourrir, sur la qualité des produits…

Jean Viard,
Penser la terre dans la France d'aujourd'hui,
Séance introductive de la 2ème édition des
Entretiens du Pradel, septembre 2002.

Les années récentes sont caractérisées par l'importance politique et sociale donnée au local. Cela s'explique en grande partie par le besoin d'un contrepoids au développement de la mondialisation, mais c'est également le résultat d'une évolution culturelle suscitée par l'uniformisation des styles de vie depuis quelques décennies, et par la standardisation des produits proposés aux consommateurs.
Ainsi, après une tendance à l'uniformisation qui avait fait écrire au sociologue Henri Mendras, en 1967, qu'était advenue *la fin des paysans*[1], nous assistons au retour de cette *France des terroirs*, ce qui se traduit dans la dernière loi sur l'aménagement du territoire, proposant la création de *pays* comme espaces de projet.
Dans ce nouveau contexte, l'agriculture peut prendre une place de choix, si toutefois les agriculteurs prennent conscience de leur rôle social, désormais au moins aussi important que leur rôle économique de producteurs de biens alimentaires. La nouvelle loi d'orientation agricole française propose le développement d'une agriculture multifonctionnelle, c'est-à-dire à même de remplir plusieurs fonctions sociales en dehors de la production d'aliments, telles que la gestion de l'espace, l'agro-tourisme, ou d'autres services aux ruraux. L'administration française a adopté pour cela la démarche de contractualisation, avec le contrat territorial d'exploitation (CTE), remplacé aujourd'hui par le contrat d'agriculture durable (CAD), qui permet à l'agriculteur de s'engager dans des actions en faveur de la multifonctionnalité de son exploitation agricole. Véritable révolution culturelle bouleversant le métier d'agriculteur depuis deux générations, les projets de l'agriculteur, quels qu'ils soient, se placent au cœur du territoire.

[1] Henri Mendras, *La fin des paysans*, Actes Sud, collection BABEL, 1992.

I - Territoire et terroir, au secours de l'agriculture

1 – Le territoire, l'espace de projets

La notion de *territoire* est devenue en quelques années le mot-clé commun aux politiques, scientifiques, aménageurs et acteurs du milieu rural. Il est autant utilisé que le terme de *développement durable*, avec lequel il est en relation étroite, mais il suscite nombre d'incompréhensions, tellement ces concepts restent flous.

Pour J.P. Deffontaines[2], le territoire est défini comme *un espace géographique socialisé, c'est-à-dire, d'une façon ou d'une autre, approprié, habité, revendiqué, mis en valeur, géré, patrimonialisé, imaginé, rêvé. Un territoire est donc le produit d'une histoire écologique et sociale, mais il est aussi facteur et acteur de cette histoire. C'est donc un espace qui se distingue, qui a du sens (mais pour qui ?), qui donne du sens (mais à qui ?). Son apparence est le paysage.*

En d'autres termes, le territoire est un lieu où vit une communauté humaine.

A - Des territoires différents pour un même mode de vie

Classiquement, nous distinguions les territoires urbains des territoires ruraux, renvoyant à la vieille opposition entre ville et campagne. Mais les recompositions démographiques opérées durant ces dernières décennies ont fortement modifié les représentations que nous nous faisons des territoires. Les villes ont progressivement investi la campagne, d'abord par les banlieues, les zones industrielles et commerciales, puis par les cités résidentielles. Quant aux campagnes, elles sont progressivement repeuplées par des citadins en recherche de nouvelles aspirations. La DATAR (Délégation à l' Aménagement du Territoire) classe désormais les territoires ruraux en quatre catégories : le rural périurbain en expansion, le rural en voie de diversification, le rural de l'espace agricole intensif, et enfin le rural en voie de dépopulation. Cette dernière

---

[2] Jean-Pierre Deffontaines, « *Réflexions sur une* entrée territoire », in Loi d'orientation agricole, savoirs et qualifications professionnelles, Educagri Éditions, 2002.

catégorie devenant négligeable, car même les régions qui se dépeuplaient durant ces dernières décennies, comme l'Auvergne et le Limousin, connaissent un regain d'attractivité.
Partout dans le milieu rural, le fonctionnement des territoires change profondément, d'une part, parce que l'accroissement de la population totale s'accompagne de la diminution de la population agricole, et d'autre part, parce que les agriculteurs eux-mêmes changent de mode de vie, pour devenir de plus en plus urbains.
Bertrand Hervieu et Jean Viard[3] insistent sur ce point dans leur dernier ouvrage : *Il n'y a plus d'urbains ou de ruraux, il y a des gens qui habitent en ville ou qui habitent l'espace rural. (...) Derrière cette phrase qui peut sembler banale, il y a l'effacement d'un écart qui, pendant des siècles, fut considérable. Vivre à la campagne, surtout dans les régions du Nord ou de l'Est, signifiait une inscription dans une communauté villageoise avec tout ce que cela comportait de règles partagées, de contraintes collectives, de mémoire commune, et aussi d'enfermement dans la loi du groupe.*
Face à cela, la ville, lentement amenée vers le pouvoir, signifiait cette liberté gagnée par l'individu d'abord, avant sans doute la liberté politique et sociale.
Ils ajoutent, plus loin dans leur ouvrage, que *dans ce considérable changement, il n'est pas étonnant que les agriculteurs apparaissent souvent, dès qu'on aborde les questions agricoles, dans des positions sensiblement différentes. Mais sans doute est-ce en tant que travailleurs de la terre qu'il faut penser leur point de vue spécifique. Alors que, si l'on peut dire, en tant qu'habitants des campagnes, ils seraient assez semblables aux autres..*
Cette analyse sociologique explique la politique actuelle de re-territorialisation des projets de développement local. L'agriculteur désormais n'occupe plus seul l'espace rural, et les projets de développement des espaces ruraux ne sont plus uniquement agricoles.

---

[3] Bertrand Hervieu et Jean Viard, *Au bonheur des campagnes*, L'Aube, 2001.

B - L'agriculture dans les territoires ruraux

Ceci étant dit, selon les catégories de territoires ruraux, l'activité agricole connaît des situations très différentes.
Dans le milieu rural de l'espace agricole intensif, qui correspond au Nord et à l'Ouest français, la situation de l'agriculture vit un paradoxe quasi insoutenable. L'agriculture intensive correspond à la fois à la réussite économique du modèle productiviste, développé pendant les trente glorieuses, et à l'échec sociétal de ce modèle, car non reproductible. Ces régions correspondent aux exploitations agricoles à logique agro-industrielle, avec une organisation de filières très bien structurées. L'agriculteur est le client d'une industrie d'amont (industrie du matériel agricole, industrie chimique, et maintenant industrie biotechnologique) et le fournisseur de matières premières d'une industrie d'aval (industrie agro-alimentaire, pharmaceutique, ou de l'énergie). Dans ce type d'agriculture, l'objectif est l'augmentation de la productivité des outils de production que sont le sol, la plante ou l'animal. Actuellement, c'est encore cette forme d'agriculture qui est soutenue par les pouvoirs publics, et qui approvisionne principalement la grande distribution, via les industries agro-alimentaires. L'évolution de cette agriculture dépendra beaucoup, d'une part, de l'expression de la demande sociale, et d'autre part, de l'évolution de la politique agricole commune de l'Europe. En effet, dans le cas où la priorité sera donnée à l'augmentation de la production de biens agricoles au moindre coût, cette forme d'agriculture continuera sur sa lancée, avec une spécialisation toujours plus accrue, une diminution du nombre d'exploitations agricoles, qui ne cesseront de s'agrandir, et une maîtrise toujours plus grande des processus de production. Ce type d'agriculture peut être durable, si les flux de polluants (engrais, pesticides) sont maîtrisés par une agriculture raisonnée[4] et par la dépollution nitrique de l'eau, et

[4] *L'agriculture raisonnée est une démarche de qualité qui vise à mieux articuler la gestion optimale d'un bien public, l'environnement pour l'essentiel, avec la satisfaction de demandes marchandes*, Rapport de M. Guy Paillotin au Ministre de l'Agriculture et de la Pêche, février 2000.

si les effluents d'élevage (excréments animaux) sont recyclés dans des territoires à grandes cultures.
Par contre, si la politique européenne privilégie la production sous signe de qualité et la labellisation des territoires, cette forme d'agriculture devra trouver, au sein de chaque territoire, une voie d'adaptation négociée, pour que la production agricole locale construise une identité et les aménités demandées.
Dans les territoires ruraux périurbains, la situation de l'agriculture, après qu'elle ait subi la très forte concurrence foncière de l'urbanisation, apparaît aujourd'hui plus favorable pour son maintien, voire son développement. En effet, le besoin sociétal de patrimonialisation (paysage, besoin de *nature*, protection d'anciens systèmes agricoles, comme les marais intra-urbains ou les hortillonnages), la prévention des risques (lutte contre les incendies ou contre les inondations, périmètre de protection d'activités dangereuses) et le souci d'un approvisionnement alimentaire plus local (en particulier pour les produits frais) redonnent à l'agriculture périurbaine des perspectives. En effet, même si, dans les années à venir, les villes ne vont pas cesser d'empiéter sur la campagne, la colonisation urbaine devra non seulement respecter les besoins des citadins de *villes à la campagne*, mais aussi les nouveaux documents d'urbanisme que sont les SCoT (Schémas de Cohérence Territoriale), garantissant particulièrement la protection de zones agricoles. Ainsi, après que le nombre d'agriculteurs ait fortement diminué autour des villes, un renouveau est possible aujourd'hui, à condition qu'agriculteurs et citadins se comprennent mieux. D'un côté, les agriculteurs auraient intérêt à transformer en atout la demande citadine, alors qu'ils la voient encore comme une contrainte. La demande de paysage, la demande de produits frais, la protection contre les risques peuvent être des objectifs d'un véritable projet agri-urbain, où les agriculteurs pourront être rémunérés pour développer certaines productions (productions légumières et fruitières, accueil à la ferme...), certaines techniques (culture agrobiologique, transformation de produits, plantation de haies...) ou certaines pratiques (savoir-faire traditionnels, traction animale, accueil pédagogique...). De l'autre côté, il faut aider les citadins à évoluer dans leurs représentations de l'agriculture. La perte de la familiarité de l'agriculture et les

conséquences de l'excès du productivisme ont focalisé le regard citadin sur le paysage et sur les produits dits *naturels*. Or, le beau paysage et le bon produit sont l'objet de discours et de polémiques dépourvues de toute objectivité. Les citadins peuvent en arriver à demander aux agriculteurs un paysage ou des produits en parfait décalage avec le territoire. Une véritable rencontre autour de projets de territoires doit donc s'opérer dans le domaine agricole en zone péri-urbaine.

Le milieu rural en voie de diversification, autre catégorie de la DATAR, correspond à toutes les régions qui, du fait d'une situation agronomique moins favorable à l'intensification, mais marquées par une histoire agricole et artisanale, ont gardé une forte identité basée sur les produits agricoles. Ce sont plutôt les régions du Sud-Ouest et du Sud-Est de la France, les régions viticoles, et de nombreuses zones de montagne. C'est la France des AOC et des parcs naturels. Dans ce milieu rural, l'évolution de l'agriculture pendant les quarante dernières années a été beaucoup moins marquée par l'intensification. Les traditions et les savoir-faire ont certes été rationalisés en process technologiques sophistiqués, mais la production a été très souvent soumise à des cahiers des charges privilégiant la qualité des produits à la quantité. Par ailleurs, le développement de l'agro-tourisme dans ces régions a amélioré le revenu des agriculteurs, qui ont alors moins eu besoin d'intensifier. Aujourd'hui, beaucoup de ces régions ont une production locale bien identifiée et une certaine pluriactivité des agriculteurs, qui leur donne une moins grande dépendance vis-à-vis de la politique agricole. L'adaptation de l'agriculture de ces territoires ruraux est donc plus facile, à condition de ne pas trop souffrir de la concurrence des citadins dans la propriété foncière. En effet, la très forte inflation du prix du foncier dans ces territoires fait obstacle au renouvellement de l'agriculture, les jeunes n'ayant pas les moyens de financer leur installation.

Enfin, reste l'agriculture de la catégorie du rural en voie de dépopulation. Les régions concernées sont désormais rares, avec les installations de plus en plus nombreuses des citadins à la campagne. Le départ des populations de ces territoires pendant ces dernières décennies a été pour une part dû à une activité agricole ne pouvant vraiment s'intensifier du fait de conditions naturelles peu propices, et de plus sans grande spécificité. Ce sont pour la plupart des zones d'élevage de bovins à viande, qui ont connu une succession de crises : diminution de la consommation de viande, marché instable, crises sanitaires. Aujourd'hui, ces zones agricoles sont toujours en crise, et la forêt avance au détriment de l'agriculture. Un renversement de la tendance demeure cependant très possible, si une véritable politique de développement rural concerne ces zones. L'installation de nouveaux résidents, jointe à la mise en place d'incitations à la production agricole, peut créer une véritable dynamique. De nombreux exemples permettent de le penser, comme la relance de la lentille verte du Puy-en-Velay, après sa reconnaissance en appellation d'origine contrôlée, ou la production de viande du plateau ardéchois sous le label *Fin gras du Mézenc*.

C - A chaque territoire son projet

La diversité des territoires ruraux reste très forte, malgré l'uniformisation des modes de vie. La variabilité des conditions écologiques et de l'histoire économique, sociale et culturelle des différentes régions françaises, explique pourquoi chaque territoire connaît aujourd'hui encore et toujours des spécificités. Cette diversité est une source de richesse, et les territoires ruraux constituent donc un atout considérable pour l'avenir de la France.

Depuis plus de dix ans, l'action politique en France, mais aussi en Europe, trace ce chemin de la valorisation des territoires ruraux. Aujourd'hui en France, les deux lois d'orientation essentielles, que sont la loi d'orientation agricole de 1999 et la loi sur l'aménagement du territoire de 2000, donnent le cadre réglementaire idéal pour le développement des projets de territoire. La volonté politique de l'Europe est de modifier la politique agricole commune, pour mieux valoriser les projets de développement rural au détriment du soutien des prix — ce qui sera l'orientation après 2006. Dans le même temps, la décentralisation voulue par tous les politiques va permettre de donner aux acteurs du territoire une responsabilité dans la décision et de rendre beaucoup plus efficient le cadre réglementaire, en étant moins soumis aux lobbies nationaux.

Le territoire est donc bien, d'ores et déjà, et s'imposera encore plus demain, à la fois comme le support et l'enjeu du développement économique, social et culturel. Le développement résultant de productions issues de la combinaison de facteurs de production au sein d'un système productif, il reviendra aux acteurs locaux de choisir la meilleure combinaison desdits facteurs, en privilégiant ceux qui font la spécificité du territoire (conditions écologiques, savoir-faire...), afin que la production, effectivement, ne manque pas de créer du développement local.

2 - Le terroir, *l'esprit* du lieu

Le *terroir*, ce mot d'origine latine dérivé du mot *territoire*, s'est principalement affirmé aux dix-septième et dix-huitième siècles comme une réalité géographique, avec le développement de l'agronomie. La définition du Petit Robert le rappelle : *étendue limitée de terre considérée du point de vue de ses aptitudes agricoles*. Il permet ainsi de qualifier un territoire sur le plan agronomique. Mais ce mot a migré dans le champ social au dix-neuvième siècle, pour désigner par la suite une *région rurale, provinciale, considérée comme influant sur ses habitants* [5] (sens deuxième du même dictionnaire).

L'histoire de ce mot montre qu'au vingtième siècle, l'expression de terroir a été refoulée par la conscience collective, tant dans le champ agronomique que dans le champ social. En agronomie, le besoin de reconnaissance de la discipline scientifique a orienté les recherches vers l'élaboration de lois générales qui ne pouvaient faire référence au terroir. Pourtant, pour certains agronomes, l'agronomie est *la science des localités*. Ne pourrions-nous pas dire aujourd'hui que l'agronomie est la science des terroirs ? Et dans le champ social, la modernité du vingtième siècle, basée sur la technologie, ne pouvait que reléguer la notion de terroir à une vision rétrograde, *provinciale*. Aussi, le terroir a disparu du vocabulaire, à l'exception de certains secteurs comme la viticulture, car cette notion a toujours permis de justifier la valorisation de certains vins au détriment d'autres.

---

[5] Dictionnaire Le Petit Robert, édition 1985.

Mais, ces dernières années, le mot revient en force, tant dans le domaine agricole que dans le champ social.
En agriculture, la viticulture reste toujours la filière qui met le plus en avant le terroir. De nombreuses recherches ont permis de mettre en corrélation les caractéristiques agronomiques de parcelles de vigne et la qualité du vin. Mais la conceptualisation de la notion de terroir intègre de façon croissante les savoir-faire de l'homme, et le concept de terroir prend ainsi en compte les dimensions agronomique, sociale et culturelle du lieu. Emmanuelle Vaudour[6] constate que quatre notions-types sont regroupées dans le terme de terroir : le terroir-matière (relation au sol), le terroir-espace (relation au territoire), le terroir-conscience (relation aux savoir-faire) et le terroir-slogan (relation à la communication sur une identité). Ces notions ont en commun de prendre appui sur l'origine, la spécificité et la typicité du produit, c'est-à-dire la non-reproductibilité de celui-ci dans un autre lieu. Les autres filières agricoles, en particulier celles situées en zone d'appellation d'origine contrôlée, ne sont plus en reste aujourd'hui, et de plus en plus de produits agricoles font référence au terroir de production. A titre d'exemple, le Haut-Jura a développé une stratégie de développement agricole sur la filière du Comté en le positionnant comme un produit de terroir. Des études scientifiques ont montré l'existence de crus, le goût du fromage étant intimement lié au lieu de pâture des vaches. Les fromageries (appelées fruitières) sont donc localisées dans les villages pour une transformation de laits de même provenance. Le Comté, produit noble, ne se réclame donc plus seulement d'un sol, mais aussi d'un village.
L'industrie agro-alimentaire et la grande distribution accentuent cette dynamique en valorisant à outrance les produits de terroir et les spécialités régionales, car ils correspondent à une demande, et même une revendication, des consommateurs.
Dans le champ social, la notion de terroir *réoccupe le terrain*, et pas seulement dans le domaine alimentaire. La mode de la campagne se dissémine ainsi partout. A côté des produits du terroir, il existe maintenant un tourisme du terroir et, quoi qu'en

---

[6] Emmanuelle Vaudour, « *Diversité des notions de terroir : pour un concept de terroir opérationnel* », Revue des œnologues, n°101, 2001.

disent les auteurs, à bon droit réfractaires aux étiquettes, une littérature de terroir.

Cette aspiration actuelle correspond à une véritable mutation sociale car, en quelques années, les usages du mot terroir ont été complètement bouleversés. Nous sommes loin, désormais, du regard passéiste sur le terroir. Le terroir exprime aujourd'hui une forme de modernité. Comme le dit Farinelli, observateur des mouvements migratoires des citadins à la campagne : *de retour, le terroir s'affirme garantie de la diversité, refus de la dictature culturelle, emblème de la campagne retrouvée. Une définition plus complète mêle caractéristiques pédologiques, pratiques agricoles, coutumes spécifiques, créations culturelles particulières. Ce terroir, une fois reconnu ou recomposé, est nourrisseur d'âmes. Chaque matin, il s'inscrit dans le sang même de l'homme, il s'infiltre par le paysage sans cesse vu, par des images qui s'empilent en souvenirs, et se fait entendre, sentir, toucher. C'est l'esprit du lieu*[7].

Le terroir se réaffirme donc aujourd'hui comme le concept qui permet de faire du produit agricole un produit agriculturel.

3 – Territoire et terroir, pour une nouvelle identité

La dyade territoire/terroir touche donc au cœur même, et préside aux enjeux de l'agriculture et de la ruralité actuelles. Les deux concepts se comprennent et se complètent, comme certainement dès l'origine, quand le mot latin *terratorium* (qui a donné terroir) est devenu une expression populaire dérivée du mot latin *territorium* (qui signifiait territoire). Le territoire est bien cet espace physique socialisé qui résulte d'une histoire écologique et sociale, et qui permet la construction de l'histoire à venir. Le terroir est, quant à lui, autant la qualification que la représentation sociale de ce territoire, la synthèse des caractéristiques particulières du territoire, mais aussi son image symbolique.

C'est désormais un fait, territoire et terroir représentent, et permettent de se représenter, un espace géographique. Ils sont les deux termes caractérisant l'identité d'un lieu.

[7] Bernard Farinelli, *L'homme et la campagne, des retrouvailles naturelles*, Éditions Sang de la terre, 2001.

Quoi de plus normal que resurgisse aujourd'hui ce caractère fortement identitaire du lieu de vie, alors que l'uniformisation des modes de vie ne permet plus de distinguer les groupes sociaux, et que la mondialisation nous rend tous citoyens du monde ? Les territoires, qui se caractérisent toujours par une diversité écologique et agricole, entraînent des spécificités sociales, économiques et culturelles que les groupes sociaux peuvent identitairement s'approprier.

En fait, cette revendication identitaire est avant tout culturelle, et elle correspond à la montée en puissance d'un mouvement social de patrimonialisation, très prononcé depuis quelques années. Selon André Micoud[8], le besoin de patrimonialisation est le symptôme d'une angoisse énorme quant au sens de la vie dans les sociétés développées. Par cette mise en patrimoine du territoire, nous construisons une nouvelle re-présentation du présent qui nous rassure sur notre identité. Le succès du terroir s'inscrit bien dans ce besoin de se re-présenter le présent.

Ainsi, une *mise en désir de la campagne*, selon l'expression de Jean Viard[9], est un moyen de mieux résister au grand chambardement de la mondialisation. En effet, à l'évidence, la campagne permet mieux d'appréhender le rapport atavique à la nature et au temps que les notions trop abstraites de biosphère et d'écosystèmes des écologistes du développement durable.

La campagne est un territoire culturel qui s'exprime en terroir. Les citoyens, qu'ils soient ruraux ou citadins, demandent à l'agriculture ce service.

Les agriculteurs retrouvent dans cette mission non seulement leur dignité, après toutes les crises vécues, mais une véritable ambition : nourrir et induire l'acculturation de leurs concitoyens.

Quel autre métier pourrait-il assumer un tel projet ?

---

[8] André Micoud, « *Propos conclusifs d'un ainsi nommé* grand témoin », Montagnes méditerranéennes, n°15, 2002.

[9] Bertrand Hervieu et Jean Viard, *Au bonheur des campagnes*, L'Aube, 2001.

II - L'agriculture, au secours des territoires

L'agriculture productiviste a eu cette double tendance, paradoxale, d'a-territorialiser l'activité par une politique basée sur le produit, et de spécialiser les territoires selon leur capacité à produire. La politique agricole a en effet favorisé la quantité de production, ce qui a entraîné la concentration de la production, dans les zones les plus aptes à produire de la quantité, et la déprise agricole, dans les zones moins accessibles à la mécanisation ou moins fertiles.
Compte tenu des nouvelles attentes de la société, le développement des territoires, de tous les territoires, ne peut s'envisager sans le concours de l'agriculture. Celle-ci doit à la fois corriger ses propres excès du productivisme, dans certaines régions, et proposer des services pour le développement territorial.

1 – L'entretien de l'espace rural

Si nous nous plaçons dans la perspective d'une agriculture de services à la société, il faut que l'entretien de l'espace rural réponde à un double objectif : la protection des ressources naturelles et l'accessibilité de la campagne.

A - La protection des ressources naturelles

Le sol, l'eau et l'air sont les ressources naturelles dont la préservation devient un véritable enjeu de société. Pour ces trois ressources, l'agriculture a un rôle essentiel à jouer. Les agriculteurs gèrent en effet plus de la moitié du territoire, le reste étant sous la responsabilité des forestiers ou des collectivités locales. La protection des ressources naturelles à l'échelle d'un territoire ne peut se faire cependant sans une approche globale, avec ces trois types de gestionnaires. Pour exemples, l'acidification des sols peut autant être due à un excès de plantation d'arbres résineux qu'à un apport trop important d'engrais acidifiants ; la pollution des eaux de surface par les pesticides ou les nitrates peut venir des engrais et produits de traitement de l'agriculture, des espaces verts des villes, ou des désherbages de bords de routes ou de voies ferrées ; quant au réchauffement de l'air, il est bien plus le résultat des rejets de CO^2 de l'activité urbaine que du métabolisme des animaux ruminants. Il est donc important que chaque catégorie de gestionnaire prenne ses responsabilités.

En ce qui concerne l'activité agricole, une évolution des pratiques est tout à fait indispensable pour envisager une véritable protection des ressources.

En premier lieu, la préservation des sols est pour une grande part sous la responsabilité de l'activité agricole. Les principaux risques de dégradation sont l'acidification des sols, leur salinisation, leur érosion par déstructuration, et enfin la pollution chimique. Ces quatre types de dégradations sont liés aux pratiques de l'agriculture intensive : l'apport massif d'engrais de synthèse, le non-renouvellement de la matière organique, l'irrigation et l'utilisation de pesticides. Les risques de dégradation, comme les causes, ne doivent pas être analysés de manière distincte, car ils forment système. Comme cela a été décrit dans le chapitre précédent, le sol est un écosystème qui évolue en permanence sous la double influence des conditions naturelles et de l'action de l'homme. L'activité agricole, depuis des millénaires, a complètement transformé la plupart des sols agricoles, et il faut rappeler l'apport déterminant des agriculteurs dans l'amélioration de la fertilité des sols. Cette construction de la fertilité des sols a toujours été le souci des agriculteurs, et elle le reste, car l'agriculteur n'a aucun intérêt à dégrader son outil de production. Ce sont les contraintes de la rentabilité et une approche agronomique réduite, tant dans l'espace (niveau de la parcelle de culture, alors qu'il faut raisonner au niveau du bassin versant) que dans le temps (niveau de l'année de culture, alors qu'il faut raisonner sur des pas de temps bien plus longs), qui ont favorisé des pratiques dangereuses pour la qualité des sols. La préservation des sols ne peut donc être envisagée qu'avec certaines pratiques agricoles.

- L'apport limité d'engrais et de produits de traitements, en privilégiant un raisonnement écologique. Cela suppose qu'un apport supplémentaire d'intrant au-delà du minimum requis pour l'objectif de production fixé, qui risque de dégrader le sol, ne soit pas le seul moyen de rentabilité pour l'agriculteur. Il ne faut, en effet, pas oublier que l'agriculteur doit tirer un revenu de sa production qui lui permette de vivre.

• Le travail du sol doit respecter la vie du sol. Cela suppose d'éviter les matériels trop lourds qui tassent le sol, favorisant l'asphyxie, et les matériels comme la houe rotative, qui pulvérisent la terre au point de la déstructurer.

• Un renouvellement de la matière organique des sols assuré. La matière organique permet, à la fois, une bonne structure des sols, et donc un moindre risque d'érosion des particules fines par l'eau et le vent, et une nourriture pour les êtres vivants du sol, qui participent à la dégradation des matières polluantes et au rééquilibrage des éléments minéraux.

• L'irrigation limitée aux stricts besoins de compensation des déficits hydriques. Là encore, cela suppose que le rendement supplémentaire de production, obtenu par une abondance de l'eau, soit moins valorisé sur le plan économique. L'irrigation abusive entraîne les nitrates et les pesticides vers les nappes phréatiques, et provoque la salinisation des sols en surface. Les produits obtenus sont gorgés d'eau, mais tant que la quantité de produit permet la rémunération de l'agriculteur, il est normal que ce dernier cherche à obtenir le plus gros rendement.

C'est donc bien une approche globale du raisonnement agronomique et des pratiques agricoles qu'il faut rechercher. C'est l'objectif que se fixe l'agriculture raisonnée, mais la condition de réussite de cette approche sera l'efficacité économique pour l'agriculteur.

En second lieu, la protection de l'eau est également très dépendante de l'activité agricole. Il n'est plus à discuter de l'influence des pratiques agricoles sur la dégradation des eaux de surface comme des eaux souterraines. La principale cause de dégradation des eaux par l'activité agricole est la pollution par les effluents, ou par les produits chimiques (engrais et pesticides) qui ruissellent vers les rivières ou percolent vers les nappes phréatiques. Or, les solutions pour préserver la qualité de l'eau sont connues.

• La limitation dans l'utilisation de l'irrigation, des engrais de synthèse, trop solubles dans l'eau, et des pesticides, pour que ceux-ci ne ruissellent plus dans les rivières ou ne s'infiltrent plus dans les nappes souterraines. Là encore, c'est l'objectif de l'agriculture raisonnée.

• L'analyse des risques de pollution, selon les caractéristiques et la position des parcelles au sein d'un bassin versant. En effet, le risque de pollution des eaux n'est pas le même en bordure de rivière, en terrain en pente, selon le caractère filtrant du sol (argileux ou sableux) ou selon la profondeur du sol.

• Le non-rejet d'effluents de l'activité dans l'eau. Cela concerne principalement les effluents d'élevage (excréments des animaux, comme le lisier de porc, et résidus de transformation, comme dans les fromageries fermières) et la solution est la mise en place de systèmes de retenue et d'épuration.

Le fait que la dégradation des eaux a eu un impact immédiat sur l'alimentation en eau potable de l'ensemble des consommateurs a entraîné une forte médiatisation de ce problème. C'est grâce à cette prise de conscience collective que le mode de production intensif a pu être remis en cause, et qu'une autre forme d'agriculture a été réclamée par les citoyens. Depuis quelques années, une amélioration de la qualité des eaux est en cours, grâce à la modification des pratiques agricoles telles que précisées ci-dessus.

Enfin, pour ce qui concerne la pollution de l'air, la prépondérance de l'activité agricole est beaucoup moins grande, car les gaz émis par les industries et les automobiles sont bien plus polluants. L'activité agricole a même une incidence bénéfique, car elle permet le recyclage du gaz carbonique, grâce à la photosynthèse des végétaux. Il existe cependant des sources de pollution de l'air par l'activité agricole qu'il convient de maîtriser.

• Les pesticides vaporisés dans les champs ne sont pas entièrement captés par les plantes, et une partie des produits diffuse dans l'atmosphère. Une diminution de l'utilisation des pesticides et des conditions de pulvérisation plus en contact avec les plantes peut fortement réduire cette cause de pollution.

• Les herbivores ruminants (principalement les bovins) dégagent, par la rumination, du méthane en grande quantité, qui favorise le réchauffement atmosphérique. Ce phénomène peut poser problème dans les zones à forte concentration d'animaux. La solution consiste en une meilleure répartition des animaux sur le territoire.

B - L'accessibilité de la campagne

Parallèlement, l'accès de la campagne aux citoyens devient une exigence sociale, non seulement parce que le territoire rural est un lieu de ressourcement des citadins, mais aussi parce que le non-entretien de la campagne engendre des situations catastrophiques : accidents de la route à cause d'accotements mal entretenus, incendies de forêts ou de broussailles, avalanches en montagne, inondations incontrôlables...
L'accessibilité de la campagne comprend donc une part d'entretien de ce qui existe, en particulier la préservation des paysages ruraux, et une part de remise en état de ce qui a été dégradé, souvent après la désertification de certaines zones rurales.
La préservation des paysages ruraux répond à ce besoin culturel de patrimonialisation, les citadins voulant retrouver lors de leurs déplacements à la campagne les repères visuels de leur enfance. Mais elle permet aussi de contribuer à l'identité d'un territoire, et est donc un moyen de favoriser le développement local. Les pays de bocage, les pays de terrasses, les pays de haies brise-vent, les pays de marais, les pays de vignoble en coteaux, les pays de polyculture-élevage sont autant de lieux qui présentent un attrait particulier pour le regard. La préservation d'un paysage favorise donc l'accessibilité culturelle du territoire par l'attrait visuel. Nous développerons cet aspect dans le prochain chapitre, où il sera question d'enrichir cet aspect visuel par une création esthétique de paysage.
La préservation des paysages représente un travail important d'entretien que les agriculteurs ont toujours fait : fauchage des bords de rivières, élagage des haies, curage des fossés, réfection des terrasses, entretien des chemins, entretien des clôtures de pâturages... La spécialisation a engendré un moindre intérêt chez les agriculteurs pour entretenir ces espaces, et il faut donc

leur redonner la motivation de le faire, à un niveau collectif puisque l'intérêt individuel s'estompe.
La remise en état des zones rurales représente un chantier d'une grande envergure, et ne peut s'envisager que dans le cadre d'un développement concerté d'un territoire. Il faut effectivement que l'intérêt collectif soit mesuré, afin que les moyens mis en œuvre soient à la hauteur de l'objectif fixé. Il importe aussi de distinguer les zones rurales abandonnées, et aujourd'hui peu accessibles physiquement (zones en friche ou en broussailles, forêts spontanées non entretenues), et les zones à vocation rurale, qui ont évolué sous la pression du productivisme (zones de marais asséchées, bocage sacrifié au remembrement des parcelles...). Dans le premier cas, il n'y a pas de conflit d'usage, et la remise en état peut être le choix d'une collectivité territoriale ou d'une structure de développement (Parc Naturel Régional, par exemple). Il suffit alors d'inciter les agriculteurs, et souvent d'autres acteurs du monde rural (associations) à effectuer ce travail dans un contrat de réhabilitation. Pour les zones rurales dont la vocation a évolué, une concertation entre les différents usagers du territoire doit permettre de définir une orientation commune à tous les acteurs territoriaux, y compris les agriculteurs. Il existe en France des exemples où ce type de négociation a bien fonctionné (l'exemple remarquable de la conversion collective à l'agriculture biologique de toute la zone de captage de l'eau de source Vittel, dans les Vosges) et aussi, hélas, des exemples où la négociation n'a pu aboutir (la disparition du label de Parc Naturel Régional du Marais Poitevin, à cause de l'excès de mise en culture des prairies du Marais). Replanter des haies, remettre en prairie permanente des surfaces agricoles, ou refaire pâturer par les animaux des zones accidentées, suppose que les agriculteurs y trouvent un intérêt, tant social qu'économique. C'est donc bien seule une commande de collectivité territoriale qui peut y parvenir.

2 – L'accueil des citadins

Accueillir des citadins est parfois perçu par certains agriculteurs comme une nouvelle contrainte, et la tendance serait facilement au vieil adage *chacun chez soi et les vaches seront bien gardées*. Cependant, depuis que l'agriculture existe, il est à

rappeler que l'activité a su constamment évoluer pour s'adapter aux besoins sociaux, et c'est une nouvelle étape qui est aujourd'hui à franchir, sachant que la quantité de nourriture n'est plus l'unique attente des consommateurs européens.
En dehors d'un choix d'alimentation où la qualité devient prépondérante, ce que nous avons développé dans le chapitre précédent, et de l'entretien de l'espace rural, tel que nous venons de le voir, les citadins viennent à la campagne pour y satisfaire certains besoins. Soit les agriculteurs sauront répondre à leur demande, soit ce seront d'autres ruraux qui satisferont les besoins des citadins par ces fameuses aménités de la campagne.

A - Le besoin de calme

La vie trépidante de la ville, avec des temps de transport de plus en plus longs, des rythmes de vie décalés au profit de la vie nocturne, des agressions de la publicité commerciale et des médias, incite bon nombre de citadins à retrouver régulièrement un milieu apaisant. A la campagne, point de bouchon, ni d'illumination nocturne, ni de panneaux publicitaires à chaque coin de rue, et les citadins ont ce sentiment de retrouver une autre relation à l'espace et au temps, une autre relation au monde, plus simple, moins artificielle.
Ce besoin est un des facteurs essentiels du déplacement des citadins hors les murs, soit de manière occasionnelle pour des vacances, soit carrément en y déménageant. Cela signifie que l'un des principaux critères de satisfaction des citadins à la campagne sera le calme qu'ils y auront trouvé.

B - Le besoin de nature

Il est notable que, pour la plupart des citadins, campagne et nature se confondent. Il n'existe pourtant plus en Europe un seul espace qui soit naturel, c'est-à-dire non exploité par l'homme. La montagne, des prés avec un troupeau qui paît, la forêt, sont des lieux qui procurent une sensation de nature, et le citadin aime à les sentir, les respirer, les regarder, pour assouvir son besoin de nature.
Un besoin qui se traduit de plus en plus dans les actes d'achat : produits sains et naturels, voyages, randonnées, culture

écologique… La nature est *tendance* dans les milieux favorisés de la ville, et une catégorie de population (les *bobos* ou bourgeois-bohêmes) est même en train d'émerger pour revendiquer ce besoin de nature, non pas à l'instar de ce qui a existé dans les années 1970, avec un retour à la nature première (vie rustique, mœurs libres), mais dans une recherche d'intégration d'une vie saine, basée sur les produits de la nature dans leurs mœurs citadines.
Ainsi, de plus en plus de citadins s'installent à la campagne, mais travaillent à la ville ou pour la ville (avec les technologies de l'information et de la communication et/ou les transports rapides). La plupart de ces gens connaissent peu le milieu rural et se représentent souvent l'agriculture à travers des clichés : des moutons dans un pré, une vigne, c'est naturel ; un champ de maïs ou un bâtiment d'élevage, ce n'est pas naturel.
Un grand effort de communication est donc nécessaire de la part de la profession agricole pour expliquer le rôle de l'agriculture dans la nature, sans enlever au citadin cette idée que la nature est à la campagne. Car l'essentiel est bien de comprendre que dans notre société, la campagne est encore le lieu où la nature continue de s'exprimer, mais qu'elle est gérée, régulée pour les besoins de la société. C'est l'idée de l'agriculteur jardinier de la nature.

C - Le besoin de liberté

Au siècle dernier, c'était la ville qui rendait libre, parce que la jeunesse rurale s'échappait du joug de la famille et du contrôle social du village, en même temps qu'elle trouvait une autonomie dans la rémunération individuelle de son travail.
Aujourd'hui, c'est la campagne qui rend libre. En effet, le contrôle social s'exerce désormais plutôt à la ville, du fait que le travail, qui se trouve en ville, constitue la principale pression sociale. L'évolution des relations familiales et le développement de l'individualisme dans la société ont réduit l'influence de la famille et du village sur la vie des jeunes.
Le sentiment de liberté qu'inspire la campagne provient du pouvoir de ressourcement propre à la vie rurale. La beauté d'un paysage, le contact avec la nature, le temps libre et les relations avec la famille et les amis sont, pour les citadins, les principales

valeurs de liberté. La campagne permet tout cela, et elle est donc pour beaucoup le lieu d'une vie harmonieuse.
Cela montre l'importance de l'organisation du territoire rural et de l'accessibilité de la campagne, pour que les citadins puissent conserver ce sentiment de liberté. A titre d'exemple, les possibilités de se promener et le sentiment de choisir la participation à la vie locale sont des critères importants pour un bon accueil des citadins en zone rurale. Cela ne signifie pas que le territoire doit se mettre à la disposition des caprices de citadins, mais plutôt qu'il doit intégrer les demandes des citadins pour négocier une évolution qui satisfasse toute la population.

D - Le besoin de terroir

Nous avons parlé du caractère identitaire que représente la notion de terroir. Les citadins éprouvent profondément le besoin de se ré-enraciner dans des lieux qui leur parlent du vivant, de l'authentique, de particularités locales, de traditions. Ce ne sont donc pas uniquement les racines du pays d'enfance. Ce sont des racines mobiles, qui correspondent à une certaine nostalgie d'expériences vécues. Le terroir réactive ainsi des sensations fortes, et c'est ce qui explique que les produits de terroir sont des produits-plaisir.
Ces derniers contrebalancent le fait que la vie moderne a rendu complètement abstraites toutes ces notions, la technologie et les médias produisant avant tout de la standardisation, du prêt-à-consommer, du virtuel. Évolution qui permet, certes, de satisfaire le consommateur moderne. Mais le citoyen a de plus en plus le sentiment de subir le progrès et de ne plus savoir faire la différence entre le vrai et le faux, le réel et le virtuel, le bon et le mauvais, l'utile et le nuisible. Il veut donc connaître l'origine du produit qu'il achète.
Ce goût du terroir s'inscrit dans une évolution normale de toutes les sociétés développées, où le mythe du progrès technique perd de son éclat. La tradition n'est plus dépassée, elle fournit plutôt les repères nécessaires pour construire l'avenir. Le terroir est donc bien cette expression identitaire d'un territoire, désormais riche terreau de la modernité. Il suffit de constater toute la créativité des localités rurales pour

remettre en valeur les produits locaux, mais dans une démarche innovante, utilisant en particulier tous les nouveaux outils de communication.
L'activité agricole est à la base de cette notion de terroir, et elle peut apporter beaucoup à la satisfaction des citadins, si elle développe cette dimension agriculturelle qui est en son sein.

Voilà pourquoi l'accueil des citadins à la campagne est un véritable enjeu pour les agriculteurs et les ruraux. L'agriculture a une belle place à prendre dans les équilibres futurs, tant par l'amélioration de l'accessibilité de la campagne que par la mise en valeur des atouts de cet espace de liberté au service des citadins.

3 – Le développement économique des territoires ruraux

Durant les dernières décennies, l'activité agricole a globalement augmenté en France alors que la population agricole a dangereusement diminué. C'est un des principaux effets négatifs du productivisme. En effet, le faible nombre d'agriculteurs limite la capacité d'adaptation aux évolutions de la demande sociale. D'une part, la population agricole a construit des représentations sociales homogènes du modèle dominant de producteur de matières premières pour l'agro-industrie, et le changement de représentation sera très long. D'autre part, les agriculteurs sont, pour la plupart, dans un système économique dont ils ne peuvent sortir, à cause de leur endettement ou de leur engagement au sein d'une filière.
Malgré leur faible nombre, les agriculteurs ont encore un poids économique prépondérant dans tous les territoires ruraux. L'activité agricole constitue donc un des grands leviers de développement dans ces territoires, si les agriculteurs ont la capacité de mobilisation suffisante.
Cette capacité pour un nouveau développement est d'autant plus forte que les agriculteurs ne sont pas seuls. Ils peuvent bénéficier non seulement de toutes les organisations professionnelles agricoles, qui sont très bien structurées, mais aussi de l'ensemble des entreprises de l'amont (entreprises d'agro-fournitures) et de l'aval (entreprises de distribution et de transformation). C'est donc l'ensemble du système agricole du

territoire qui peut contribuer à un nouveau développement économique, dans l'intérêt de tous.

Cela suppose que toutes les énergies soient libérées, tant celles provenant de l'agriculture conventionnelle que celles venant des agriculteurs néo-ruraux, qui ont l'avantage de pouvoir construire un système alternatif, parce qu'ils connaissent bien les citadins, et parce qu'ils ne sont pas dans la logique de la production de matières premières.

Pour ce qui concerne l'agriculture conventionnelle, plusieurs voies de développement sont possibles, selon les territoires et selon les filières.

- La fourniture de matières premières à l'industrie restera un débouché très important, car le besoin de produits alimentaires transformés de manière industrielle existera toujours en Europe, voire davantage dans le reste du Monde (en particulier dans le bassin méditerranéen qui sera un des principaux clients de l'Europe dans les prochaines années) et de plus, le nombre de matières premières est en augmentation grâce à une diversification des utilisations végétales et animales dans l'industrie pharmaceutique (moléculture), dans l'industrie des cosmétiques, dans l'industrie textile (l'exemple de la relance de la culture du lin), dans l'industrie des plastiques (utilisant l'amidon de maïs) et, évidemment, dans l'industrie agro-alimentaire (l'exemple de la relance de filières comme la moutarde en Bourgogne ou le safran dans le Lot).
- La fourniture d'énergie reste toujours un débouché potentiel de l'agriculture. Les bio-carburants verront certainement s'accroître leurs débouchés dans les prochaines décennies. Par contre, il n'est pas certain que ce soit l'agriculture qui prenne ce marché, l'industrie biotechnologique pouvant à ce moment être plus apte à fournir une production d'énergie à partir d'êtres vivants (bactéries ou végétaux) d'un faible coût et avec une stabilité meilleure que l'agriculture, car non soumise aux aléas climatiques. Ce n'est pas le cas aujourd'hui, et il suffirait d'une incitation politique pour que se développe, comme dans d'autres pays, l'utilisation des bio-carburants. Il n'est pas inintéressant de rappeler qu'avant le pétrole,

l'agriculture était le principal fournisseur d'énergie (transport par traction animale, bois de chauffage).

- La démarche générale de la reconnaissance de la qualité par des signes officiels peut permettre le développement de territoires à partir de filières protégées : reconnaissance géographique des productions par la politique des Appellations d'Origine Contrôlée, reconnaissance de la qualité de productions sous cahier des charges… Le succès de ces démarches pour certains produits comme le vin et le fromage encourage ces réalisations dans de nombreuses autres filières (les fruits, les légumes…). Par ailleurs, cette démarche favorise le développement tant de l'agro-fourniture que des secteurs de la transformation et de la distribution.
- La perspective de l'agriculture durable va entraîner de nouvelles pratiques agricoles, qui peuvent favoriser de nouvelles productions de richesses pour les territoires. Par exemple, il est très probable que des liens s'instaurent entre les territoires de grandes cultures et les territoires d'élevage pour valoriser les effluents d'élevage. L'échange de la paille contre le fumier peut être un échange profitable aux deux territoires. De même, le retour à des pratiques agricoles plus raisonnées va favoriser l'innovation, donc de nouveaux marchés pour l'agro-fourniture (développement d'une agriculture de précision, développement de nouveaux engrais et de nouveaux pesticides, développement de la télématique…).

Quant aux agriculteurs néo-ruraux, leur apport dans le développement économique des territoires est un enjeu que toutes les organisations professionnelles agricoles doivent très vite intégrer. En effet, ceux-ci sont les plus aptes à la diversification des activités agricoles au service des territoires, du fait que leurs représentations du métier d'agriculteur sont plus proches du jardinage de la nature et de la vie paisible à la campagne que de celles du producteur de matières premières.

Connaissant très bien les besoins des citadins, ils peuvent facilement développer des services d'accueil qui allieront au professionnalisme de l'accueil la tradition du terroir local qu'ils auront apprise. Cet accueil se fait, soit dans le cadre d'exploitations agricoles classiques, soit dans le cadre

d'entreprises rurales pluriactives, où une activité agricole est présente, mais ne nécessitant pas un fort investissement en capital foncier (élevage de petits animaux, plantes médicinales et aromatiques…).
Leur retour à la campagne correspondant le plus souvent à un choix de vie, la préservation de la nature est pour ces agriculteurs une vraie mission, et ils ont donc une plus grande facilité à répondre aux propositions d'entretien de l'espace rural, en particulier lorsqu'il y a de la mise en valeur du patrimoine (patrimoine bâti, murs de pierres sèches…) ou la protection des ressources naturelles (entretien des cours d'eau, lutte contre les feux d'incendie ou les avalanches…).
Enfin, les agriculteurs qui ont une origine non-agricole possèdent le même imaginaire du paysan que la majorité des citoyens, c'est-à-dire celui qui vend ses produits sur le marché. Ainsi, ceux que les agriculteurs professionnels considèrent comme des marginaux aujourd'hui, sont en fait ceux qui correspondent le plus à l'image que se fait le citoyen de l'agriculteur. Les agriculteurs néo-ruraux ont donc cet atout de pouvoir créer du développement économique à partir de produits à forte valeur ajoutée (produits fermiers transformés) commercialisés en circuit court. Ceux-ci sont d'ailleurs les premiers à utiliser les moyens du commerce électronique.
La participation au développement économique du territoire de cette catégorie d'agriculteurs est également accentuée par le fait que ces agriculteurs sont plus souvent mariés et parents que leurs collègues de l'agriculture traditionnelle, donc contribuent au peuplement des communes rurales et à leur poids économique.
Les voies actuelles du développement économique du territoire par l'agriculture apparaissent donc multiples. C'est l'esprit de la loi d'orientation agricole, qui propose le développement d'une agriculture multifonctionnelle. La grande différence de cette orientation, en comparaison de l'orientation des lois de 1960, étant la prise en compte d'un développement durable pour les territoires.

4 – Les emplois ruraux

Un autre enjeu important pour le développement des territoires ruraux est la création d'emplois, en particulier pour les territoires éloignés de la ville. En effet, les nouveaux emplois dans un canton rural constituent un levier de développement, par l'afflux de population. D'une part, l'augmentation du nombre d'enfants permet aussitôt de faire revivre les villages, et d'autre part, l'accroissement de population active a un effet immédiat sur le dynamisme local d'une commune (vie associative, ouverture de commerces d'appoint...).

Or, dans ces territoires, l'activité agricole reste encore l'activité dominante, et c'est donc par la création d'emplois agricoles que l'on peut espérer dynamiser le territoire. Les emplois agricoles sont voulus par tous. Les agriculteurs sont las d'un travail harassant, qui les occupe tous les jours de la semaine, alors que leurs concitoyens jouissent pour la plupart du régime des 35 heures de travail par semaine. Les élus locaux de territoires très ruraux savent que le potentiel d'entreprises pouvant s'installer sur leurs territoires est faible, et attendent donc beaucoup du développement agricole pour une augmentation de population. Enfin, un certain nombre de jeunes sont intéressés par l'activité agricole, mais n'ont pas la possibilité de s'installer sur une exploitation agricole.

Actuellement, la situation de l'emploi en agriculture, à l'instar d'autres secteurs de l'artisanat et de l'industrie, est paradoxale, car il existe nombre d'emplois non pourvus. Plusieurs raisons sont évoquées pour expliquer cette situation : pénibilité du travail, rémunérations insuffisamment incitatives, saisonnalité des travaux, besoin d'un temps de travail par entreprise inférieur à un équivalent temps-plein, difficulté de travailler en même temps dans l'agriculture et une autre activité...

Toutes ces difficultés sont réelles, et il apparaît aujourd'hui nécessaire de faire évoluer à la fois les mentalités (pour qu'un employé ait par exemple plusieurs employeurs, soit par l'intermédiaire d'un groupement, soit avec plusieurs contrats de travail d'activités agricoles et non agricoles), mais également le droit (meilleure reconnaissance de la pluriactivité, meilleure reconnaissance de l'intermittence du travail, comme chez les salariés du secteur culturel...).

Le potentiel d'emplois existe donc bien en agriculture et, permettre au secteur agricole de créer de l'emploi salarié, en levant toutes les difficultés de ce secteur d'activités, représente, pour le milieu rural, un atout pour le développement social et économique du territoire.

III - La multifonctionnalité de l'agriculture au service de la société

Les besoins d'entretien de l'espace rural et d'accueil des citadins, ainsi que les perspectives pour le développement économique et de l'emploi d'une agriculture au service du territoire, ont fait émerger cette notion de multifonctionnalité, que Bertrand Hervieu[10] rappelle être *la façon que nous avons eue, nous société, d'exprimer le fait que l'agriculture produisait bien plus de richesses que ne le laissait penser une comptabilité purement physique de sa production. C'est l'expression d'une attente de la société à l'égard de ce secteur et au fond, aussi, une réponse à une attente du monde agricole quant à la redéfinition de sa dignité et de son statut.*
Le retour du territoire dans l'activité agricole correspond à un besoin de société que la profession agricole doit s'approprier, afin que les agriculteurs deviennent les acteurs du développement territorial.

1 – Les agriculteurs, acteurs de la ruralité

Nous avons pu voir que l'agriculture est un enjeu de territoire, qu'elle soit péri-urbaine, en zone de production intensive ou en zone rurale fortement dépeuplée. Les droits de regard et d'usage sur les territoires ruraux sont revendiqués par la société civile et engendrent la *publicisation*[11] de l'espace rural. Ce phénomène a introduit des nouvelles notions dans la gestion de l'exploitation agricole.

[10] Bertrand Hervieu, « *La notion de multifonctionnalité* », in Loi d'orientation agricole, savoirs et qualifications professionnelles, Éducagri Éditions, 2002.
[11] Bertrand Hervieu et Jean Viard, *Au bonheur des campagnes*, L'Aube, 2001.

- L'activité agricole produit des externalités, c'est-à-dire des effets induits par le processus de production qu'il faut prendre en compte dans la gestion. Ces externalités peuvent être négatives, comme par exemple la pollution des nappes phréatiques, et l'agriculteur doit intégrer cet effet de son action dans son activité, soit en prévenant l'effet par la modification de son processus de production, soit en corrigeant l'effet par la dépollution des effluents de production. Mais les externalités peuvent être aussi positives, et elles sont alors considérées comme des aménités.
- Les aménités correspondent aux effets d'agrément produits par l'activité agricole au bénéfice des citoyens. L'accessibilité de la campagne, la préservation et la création de paysages ruraux particuliers, la préservation des ressources naturelles sont autant d'effets induits de la production agricoles qui apportent du plaisir aux citoyens. Ces aménités sont des produits de services de l'activité agricole, qui peuvent alors faire l'objet d'une rémunération, puisqu'elles correspondent à un travail.

Les agriculteurs ont encore beaucoup de difficultés à s'approprier cette nouvelle approche de leur activité. D'abord, parce que les deux dernières générations d'agriculteurs ont construit leur professionnalité sur la production d'une matière première agro-alimentaire. Ensuite, pour cette raison que l'agriculteur, depuis plus d'un siècle, a peu intégré la notion de marché, l'offre ayant toujours trouvé une demande à satisfaire. Enfin, l'agriculteur, depuis la troisième république de Gambetta, s'est construit en entrepreneur propriétaire de son outil de production, ce qui laisse supposer qu'il a la liberté de choix de ses décisions au sein de sa propriété.
Les représentations sociales du monde agricole sont, il est vrai, en cours d'évolution, mais la complexité de la situation actuelle rend cette évolution difficile.

- La terre est à la fois un bien privé et un bien public, et l'agriculteur doit à la fois revendiquer son droit de propriété mais également accepter que la terre soit un patrimoine à préserver.

- L'activité agricole est multifonctionnelle, et l'agriculteur doit à la fois revendiquer son droit à produire des biens alimentaires mais également accepter qu'il doive fournir des services au profit de ses concitoyens qui lui demandent.
- L'agriculteur est un entrepreneur comme les autres et, même si les spécificités de l'activité agricole sont à prendre en compte dans les régulations de marchés, il doit répondre à la demande sociale et économique du moment.

Ainsi, l'agriculteur doit aujourd'hui répondre aux demandes multiples de la société, alors qu'il s'est construit sur un modèle unique de métier.

En d'autres mots, c'est bien à présent le métier d'agriculteur qui est en question. Tant qu'il restera limité à la production de biens matériels, l'agriculteur ressentira toujours comme une contrainte les nouvelles demandes de la société. Le danger est alors un enfermement dans le rôle de producteur de matières premières, qui ne peut constituer un avenir pour une population agricole nombreuse. En effet, la production agricole de matières premières pour l'agro-industrie va de plus en plus être concurrencée, d'une part par la production des pays en voie de développement, d'autre part par les produits issus des biotechnologies. Il suffira donc de quelques centaines de milliers d'agriculteurs en France, concentrés dans les zones agricoles les plus fertiles, pour satisfaire la demande de l'agro-industrie.

En face de quoi, l'ouverture du métier d'agriculteur aux nouvelles missions assignées à l'agriculture peut, à la fois, renouveler le métier d'agriculteur vers un rôle d'entrepreneur rural, et favoriser l'augmentation de la population agricole sur l'ensemble du territoire. A cette condition, les agriculteurs transformeront alors ce qu'ils considèrent encore comme une contrainte en un véritable atout pour leur développement. En étant les acteurs principaux de la ruralité, ce qui est une revendication légitime en regard du rôle qu'ils jouent dans les campagnes, ils pourront reprendre une place dans les projets de territoire qu'ils ont en partie abandonnée. Dans le cas contraire, les nouveaux besoins exprimés par la société seront pris en charge par d'autres agents, en particulier des firmes ayant choisi de faire des biens environnementaux des biens marchands. Comme le rappelle Deverre[12], *on ne serait là que dans la poursuite de la* Grande Transformation *capitaliste, dans l'extension du domaine de la production marchande. Des acquisitions foncières de la firme Vittel dans son périmètre de captage aux investissements des grandes firmes pharmaceutiques et de génie génétique dans les réserves de biodiversité en Amérique centrale, les prémisses d'une telle évolution ne manquent pas d'exister. Dans ce cadre, les agriculteurs ne deviendront pas les* jardiniers de la nature, *mais les salariés des bio-industries.*

2 – A chaque développement local son agriculture

C'est leur diversité qui constitue la principale richesse des territoires. Il paraît évident que l'évolution de l'agriculture ne pourra pas être la même selon le territoire, et c'est par l'affirmation de la notion de terroir que pourra être construit le projet territorial.

En effet, les enjeux de l'agriculture et les enjeux du territoire sont extrêmement différents selon les lieux. Par exemple, dans le bassin parisien, les enjeux de l'agriculture sont d'abord la poursuite de la productivité (dans le but de préserver le revenu des agriculteurs, dans un contexte de prix des matières premières agricoles aligné sur le prix mondial) et la préservation des ressources naturelles que sont le sol et l'eau. Sur ce même territoire, les enjeux sont le développement urbain maîtrisé et une meilleure intégration entre ville et campagne. Dans ce territoire, la négociation d'un projet pour l'agriculture doit articuler des enjeux contradictoires où agriculture productiviste et agriculture périurbaine doivent répondre aux enjeux économiques et sociaux du territoire.

Par contre, dans les territoires de moyenne montagne, les enjeux de l'agriculture sont plutôt le renouvellement de la population agricole actuelle et son augmentation par le développement d'une agriculture multifonctionnelle. Pour l'ensemble des activités de ces territoires, l'enjeu est l'intégration des diverses

[12] Christian Deverre, « *Les nouveaux liens sociaux au territoire* », communication aux deuxièmes Entretiens du Pradel, « Agronomes et territoires », 2002.

activités pour un développement global en s'appuyant sur les ressources locales, tant liées au patrimoine local qu'aux activités économiques présentes. Ainsi, le projet de l'agriculture dans ce territoire doit intégrer la diversité des fonctions dévolues à l'activité agricole (entretien de l'espace rural, produits alimentaires de qualité, accueil des citadins, animation du territoire...) pour faire de l'activité agricole une activité reconnue socialement et rentable économiquement.

Sur tous les territoires, l'agriculture est une activité économique particulière, car non seulement elle gère une part non négligeable de l'espace rural, mais sa production de biens, et aussi maintenant de services, est nécessaire à toute la population. Sa vitalité est donc indispensable partout, mais ne sera pas identique partout. Quarante années de productivisme et de spécialisation ont assez peu modifié les systèmes de productions agricoles des territoires. Cela signifie bien, d'une part, que les conditions naturelles sont encore prises en compte de manière importante dans les systèmes de production régionaux, et d'autre part, que les territoires ont poursuivi l'affirmation d'une identité agricole liée au terroir. Le succès des appellations d'origine contrôlée est là pour le rappeler. Par contre, il est vrai qu'une certaine diversité de productions a disparu dans certains territoires.

La dynamique du développement local, qui est encore accentuée par la création des pays, mais aussi par le rôle accru que prennent les collectivités territoriales dans le développement économique, social et culturel, favorise un développement agricole dans et pour le territoire. Mais ce n'est pas une politique descendante, de Paris vers les régions et de la science vers la pratique, qui pourra créer du développement agricole. Au contraire, ce sont les besoins du territoire qui définiront la politique de recherche et de développement agricole.

IV

Du patrimoine rural à la création agriculturelle : l'esthétique agricole

Aujourd'hui, alors que l'idée est acquise d'un patrimoine rural dont le rôle est capital parce qu'il permet des réappropriations et des réaménagements, qu'à côté de l'acquis il permet un possible, des usages à venir, sachons lui préserver sa qualité majeure : celle d'être un espace multidimensionnel, apte à produire et donner à voir des différences culturelles. Et sachons que, en constante production, cet espace bigarré interdit d'ériger les faits d'identité culturelle en un donné organique, permanent, fanatique.

Denis Chevallier, Isac Chiva et Françoise Dubost,
L'invention du patrimoine rural,
in *Vives campagnes, le patrimoine rural un projet de société,*
Autrement, 2000.

Qui aurait osé parler d'esthétique agricole il y a quelques années ?

Il a fallu la concomitance de la modification des paysages ruraux, pendant l'ère de l'agriculture productiviste, et du renouveau de l'intérêt des citadins pour la campagne, pour réaliser que les agriculteurs étaient en puissance des producteurs d'esthétique.

Les agriculteurs n'ont, certes, pas encore pris conscience de leurs talents d'artiste. Et pourtant, qui a sculpté le paysage rural au cours des siècles, qui a créé des architectures de fermes différentes selon les régions, qui a sélectionné et créé des races d'animaux et des variétés de plantes d'ornement, qui a inventé des savoir-faire liés aux terroirs ?
Indéniablement, depuis de nombreuses années, avec la sensibilisation du grand public à l'esthétique des paysages ruraux, et avec le succès des fêtes traditionnelles locales, rappelant de manière nostalgique les savoir-faire paysans d'antan, une reconnaissance progressive du rôle culturel de l'agriculteur a émergé.
Cette prise de conscience résulte de la patrimonialisation croissante des objets de la ruralité. Le patrimoine doit être vu ici comme le lieu privilégié du lien social, en donnant un sens de la mémoire de l'objet afin de créer un bien commun.
Mais cet intérêt du patrimoine rural par les citadins doit aussi être l'occasion, pour les agriculteurs actuels, d'inventer de nouvelles formes, de promouvoir de nouvelles expressions rurales, pour qu'ils ne soient pas seulement regardés par les citadins comme des conservateurs de la mémoire agricole, mais également comme des créateurs d'œuvres qui donnent à voir la culture rurale d'aujourd'hui et de demain.

I - Le patrimoine rural, une diversité de richesses à promouvoir

1 – Qu'entend-on par patrimoine rural[1] ?

Jusqu'à ces dernières années, l'Administration du patrimoine donnait une définition très restrictive du patrimoine rural : édifices associés à l'exploitation agricole. En particulier, en mettant l'accent sur le *petit patrimoine rural* comme des lavoirs, des moulins ou des chapelles.
Aujourd'hui, les aménageurs donnent au patrimoine une définition plus large : il comprend l'ensemble des éléments,

[1] Ce paragraphe reprend les définitions données par le *« Guide de valorisation du patrimoine rural »* édité par le Ministère de l'Agriculture et de la Pêche en 2001.

matériels ou immatériels, qui témoignent des relations particulières qu'une communauté humaine a instaurées au cours de l'histoire avec un territoire.
Le patrimoine matériel est le plus facile à localiser. Il se compose de différents éléments : les paysages, car ils sont le résultat d'une action séculaire de l'homme sur le milieu ; les biens immobiliers, qui sont aussi bien les bâtiments d'exploitation agricole que ceux liés à l'artisanat, l'industrie, la villégiature ou la vie collective et qui témoignent d'activités spécifiques ou tout simplement d'un style architectural ; les biens mobiliers, qui relèvent autant d'usages domestiques (les meubles de styles régionaux) que religieux (le mobilier des églises, des chapelles) ou festifs (chars de carnaval, emblèmes villageois ou corporatifs) ; les produits qui résultent d'une adaptation aux conditions locales et à des traditions de culture, d'élevage, de transformation et de préparation. Ces derniers peuvent être des variétés végétales (plantes, fruits, légumes...), des races animales locales ou des produits transformés (vins, fromages, charcuteries...).
Quant au patrimoine immatériel, il est souvent indissociable du patrimoine matériel, et on peut distinguer : des techniques et des savoir-faire qui ont permis la création des paysages, la construction de maisons, la fabrication de mobiliers, l'élaboration de produits de terroirs ; des parlers locaux, des musiques, une littérature orale issus de traditions non écrites (ces modes d'expression témoignent d'une inscription particulière de la communauté sur son territoire, et plus généralement d'une façon particulière d'être ensemble ; on inclut ici les contes et les légendes qui mettent en scène des individus ou des sites faisant partie de l'histoire locale, ainsi que les noms des lieux (toponymes) qui reflètent des usages ou des représentations particulières) ; enfin, des modes de sociabilité et des formes particulières d'organisation sociale, comme certaines coutumes (processions, poses des *mai* ...) ainsi que des fêtes (calendaires, agricoles...).
Tous ces éléments constituent un patrimoine vivant. Les différents acteurs du monde rural, et en priorité les agriculteurs, en désignant et en s'appropriant ces éléments, leur confèrent un sens pour la collectivité et leur valeur patrimoniale.

2 – La valorisation du patrimoine rural : le connaître, le reconnaître et le faire connaître

L'activité agricole moderne ne peut plus s'exercer en faisant abstraction de cette nouvelle approche patrimoniale du milieu rural.

D'une part, la définition large du patrimoine rural englobe tellement d'éléments résultant de l'activité agricole que le patrimoine rural ne pourra pas être valorisé sans les agriculteurs.

D'autre part, la demande sociale est clairement exprimée à ce sujet. Un premier sondage[2] sur *les Français et le patrimoine rural*, donne les résultats suivants :

- 95% des Français considèrent qu'il est important de préserver et de mettre en valeur le patrimoine rural national.
- Les priorités sont d'assurer la transmission d'une identité aux générations futures, mais également de préserver un cadre de vie commun à tous les citoyens, et d'aider au développement d'activités économiques, sociales ou culturelles en zones rurales.
- Le patrimoine rural est un thème qui intéresse les Français. Ils sont 72% à revendiquer un sentiment d'appartenance à un pays ou une région de France, et 61% à exprimer des attaches avec le milieu rural.
- Les Français ont conscience qu'ils ont un rôle à jouer dans sa préservation et sa mise en valeur. Ils sont nombreux (citadins et ruraux) à vouloir s'investir personnellement. Cette attitude étant plus marquée chez les jeunes.

Le même sondage rapporte également deux résultats concernant les agriculteurs :

- Les agriculteurs ont une attitude plus en recul comparée à la moyenne nationale. Paradoxalement, ils ont tendance à minimiser l'importance du patrimoine rural, tout en étant nombreux à vouloir s'y investir personnellement.
- Les agriculteurs sont plus enclins à préserver la nature et les paysages que le bâti. Ils ont, ou prennent, davantage

---

[2] Résultats d'un sondage IPSOS rapportés dans les actes du Forum des acteurs du patrimoine rural de Clermont-Ferrand (30 janvier au 1er février 2002), Éditions Source (Centre national de ressources du tourisme rural), 2002.

conscience que l'espace constitue le support de leur activité et représente par conséquent un patrimoine à gérer.

Ces différentes données mettent bien en évidence les enjeux du patrimoine rural pour le monde agricole. Avant de chercher à transmettre le patrimoine rural aux nouvelles générations, un premier travail consiste manifestement en l'appropriation par les habitants eux-mêmes, et en particulier les agriculteurs, de leur patrimoine, afin de l'aimer pour mieux le valoriser.

A - Connaître son patrimoine

En effet, au sein d'une localité, les habitants n'ont souvent pas conscience du potentiel de patrimoine existant.

Dans les régions touristiques, les mises en valeur ont surtout concerné le patrimoine architectural historique et, plus récemment, des objets plus divers, mais qui renvoient toujours à un marketing touristique. Le patrimoine agricole a pu alors être valorisé, mais principalement à partir d'un produit (routes des vins, route de la lavande...) ou d'un savoir-faire (fête de la transhumance, les visites de fruitières de Comté...).

Dans les autres régions moins touristiques, la connaissance du patrimoine rural est souvent le fait d'associations ou d'individus qui mettent leur passion dans cette démarche de patrimonialisation, le plus souvent à une fin de conservation d'un objet en voie de dégradation.

La diversité du patrimoine est telle que chaque lieu, quel qu'il soit, peut faire émerger des objets de connaissance intégrables au patrimoine rural. Ainsi, des objets pouvant paraître anodins peuvent être de véritables indices, traces ou vestiges d'un système plus vaste. Par exemple, un monticule de terre peut renvoyer à un ancien *castrum* médiéval, ou un toponyme peut révéler une culture ancienne.

Cependant, la production de connaissances sur des objets locaux ne saurait s'envisager sans l'aide d'un encadrement scientifique minimal. Aucun objet d'apparence anodine ne pourra se transformer en objet patrimonial sans revêtir une signification transmissible au grand public. Il faut, pour cela, passer de l'objet à sa représentation, et donc à des concepts scientifiques. Par ailleurs, pour l'accès à la connaissance, l'emprunt des méthodes et concepts de diverses sciences est en

l'occurrence souvent requis (histoire, archéologie, ethnologie, anthropologie, sociologie, agronomie, écologie, géographie...). Parmi les sources d'information, nous comptons, bien sûr, les archives départementales et municipales, les documents des centres de documentation de musées ou de bibliothèques et les entretiens avec les anciens. Mais d'autres méthodes sont à développer : la lecture de paysage et son analyse historique, la description et l'analyse multicritères des objets, la confrontation interdisciplinaire...
La constitution d'un corpus de connaissances sur des objets localisés, soit parce qu'ils sont rares (par exemple, un cépage de vigne ou une variété de fruit très localisée), soit parce qu'ils sont particuliers (par exemple, un bâti d'un style très différent de ce qui existe dans la localité, ou une tradition particulière à un village), ouvre alors à une compréhension de leurs origine et raison d'être. Ils acquièrent ainsi tout leur sens.

B - Reconnaître son patrimoine

Le plus difficile est souvent la phase d'appropriation de la connaissance par les habitants, surtout si ces derniers ont été peu associés à la phase de production de connaissances. Les conditions d'une bonne appropriation sont celles de toute connaissance : la motivation que procure l'objet et le mode de médiation pour l'apprentissage.
La motivation peut venir soit du fait que la demande de connaissances émane de la population, par exemple lorsqu'un groupe d'agriculteurs ou d'acteurs locaux souhaite relancer une ancienne production locale (exemples du cépage *Chatus* en Ardèche ou de la culture du safran dans le Lot), soit parce qu'il y a un intérêt futur évident à connaître (exemples des études-diagnostics préliminaires à des projets de développement local).
Le mode de médiation pour l'apprentissage est essentiel car la démarche de transmission descendante, à savoir des scientifiques vers la population, est à proscrire pour une appropriation du patrimoine local. D'une part, les expériences de campagnes d'information lors de recherches sur un patrimoine particulier permettent toujours aux chercheurs d'enrichir leur corpus de connaissances grâce aux informations nouvelles données par la population. Par exemple, dans la

Drôme, lorsqu'un inventaire des arbres remarquables a eu lieu, la première campagne de diffusion des connaissances auprès de la population a permis de collecter quantité d'informations inédites. D'autre part, la transmission d'une connaissance à visée patrimoniale sur un objet d'apparence anodine pour la population locale doit pouvoir changer les représentations mentales des habitants. Or, cela ne peut se faire que si le sens de la connaissance est très explicite, et que si le témoignage de cet objet ne renvoie pas à des interprétations subjectives. C'est souvent le cas pour des objets à fonction religieuse, dans des régions où la division était forte, par exemple les chapelles catholiques en territoire protestant. La connaissance ne doit pas alors raviver des divisions, mais bien témoigner d'une histoire qui explique le présent. La capacité du médiateur à objectiver et à mettre en scène les connaissances sur un objet patrimonial est donc fondamentale pour la reconnaissance d'un patrimoine par la population locale.

C - Faire connaître son patrimoine

A partir du moment où la population locale reconnaît le potentiel patrimonial d'un objet, la phase suivante est de donner une valeur patrimoniale à l'objet en question.

Pour cela, il faut attirer l'attention de tous sur cet objet, en expliquant sa genèse, son histoire, sa fonction, son contexte, afin que de bonnes volontés se mobilisent pour donner un statut patrimonial à l'objet.

Il existe plusieurs figures de patrimonialisation, selon l'objet, et selon le rôle dévolu à l'objet patrimonial.

- La conservation consiste à restaurer et à conserver l'objet dans l'état le plus figé possible, au plus près de l'époque dans laquelle il a été créé. C'est l'objet de *musée*, qui peut concerner aussi bien des objets matériels, comme un lavoir, une église, une chapelle, des outils anciens, que des objets immatériels, tels qu'un savoir-faire ou une tradition.
- La sauvegarde vise à intégrer un objet patrimonial dans un projet de développement local. L'objet est alors protégé, sans qu'il soit pour autant figé, parce que les acteurs du territoire souhaitent préserver une qualité esthétique qui fait patrimoine. Ce cas concerne des sites remarquables par leur

paysage ou leur architecture, et l'outil le plus utilisé est alors la ZPPAUP (Zone de Protection de Patrimoine Architectural, Urbain et Paysager), dans le cadre de laquelle les propositions de modifications au sein du site sont réglementées.

- La mise en scène cherche plutôt à redéfinir un territoire par l'imaginaire, en reliant une activité actuelle à un passé, en vue d'une meilleure intégration dans l'économie marchande et culturelle d'aujourd'hui. Celle-ci porte souvent sur des produits de terroir qu'on réinscrit sur un territoire par le biais de manifestations culturelles (exemple des castagnades en Ardèche) ou sur des pratiques réactualisées (exemple de la transhumance dans le Vercors).

Quel que soit le mode de patrimonialisation, l'essentiel est de faire en sorte que les enjeux de la mise en patrimoine soient partagés par la majorité de la population, l'objectif étant que le territoire tire un bénéfice de cette démarche, par le fait que la communication mise en place à propos de ce patrimoine local va créer une nouvelle activité économique.

3 – Patrimoine rural et développement local

Répondre à l'attente des citadins en matière de patrimoine rural n'a de sens pour la ruralité que si cela crée du développement local. Les diverses expériences montrent que c'est souvent le cas, et le plus intéressant est que le patrimoine rural crée du développement à la fois économique, social et culturel.

A - Le développement économique par le patrimoine rural

La création d'une nouvelle filière de produit de terroir, l'augmentation du tourisme vert, le succès de fêtes locales, l'arrivée de nouveaux résidents attirés par la reconnaissance de qualité patrimoniale d'une localité, sont autant de sources de nouveaux revenus pour les entreprises et les collectivités locales. Cela suppose, certes, des adaptations dans de nombreux domaines, comme l'habitat, la gestion des déchets, les infrastructures routières et de télécommunications, les services aux habitants, mais les moyens économiques supplémentaires permettent d'accompagner le changement.

B - Le développement social par le patrimoine rural

La mise en patrimoine d'objets du territoire est une formidable occasion de recréer du lien social, certes entre les générations, mais aussi entre habitants indigènes et nouveaux résidents.
En effet, en resituant certains objets locaux dans leur histoire, et en proposant de leur donner une nouvelle fonction, toute la population locale se sent concernée, et chacun a un point de vue à émettre, soit sur le passé, le présent ou l'avenir, soit sur les enjeux de la nouvelle fonction, soit sur les conséquences individuelles et collectives d'une perspective de changement. Un véritable débat peut donc avoir lieu, ce qui recrée de l'agora au sein d'un territoire. Ainsi, la patrimonialisation est un très bon moyen pour réveiller l'élan citoyen parce que le sujet intéresse tout le monde, et est très mobilisateur du fait qu'il s'agit de la vie même de ce patrimoine.

C - Le développement culturel par le patrimoine rural

Les territoires du patrimoine sont largement des territoires imaginés. Le fait de construire du patrimoine conduit à placer l'imaginaire au centre des nouvelles façons de construire du local et développe un sentiment d'appartenance à un même territoire. Ainsi, la population peut, du même coup, s'approprier une culture commune sur des objets relevant de son territoire, et participer à l'expression culturelle de ce territoire auprès du public extérieur.
Dans un monde fait de déplacements, d'échanges à des échelles de plus en plus vastes, où les repères semblent se dérober sans cesse, le patrimoine rural offre un support de construction d'identité locale et d'échanges culturels d'une grande richesse, de par sa multidimensionnalité : historique, artistique, ethnologique, écologique, agronomique...

4 – Agriculture et patrimoine rural

Les exemples sont donc nombreux prouvant que l'activité agricole, passée ou actuelle, est toujours concernée par le développement local à partir du patrimoine.

Or, les agriculteurs ne se sentent pas assez concernés par le patrimoine rural (39% des agriculteurs n'associent rien à la notion de patrimoine rural[3]), alors qu'ils en sont justement les principaux acteurs.
Le patrimoine rural fait partie des aménités recherchées par les citoyens, lesquelles correspondent à ces nouveaux produits de services qu'une agriculture multifonctionnelle doit pouvoir procurer aux consommateurs.
Acteurs de la ruralité, ainsi que nous l'explicitions dans le chapitre précédent, les agriculteurs doivent donc s'investir fortement dans ces projets de territoire à construire, et y prendre toute leur place, tant dans la conception que dans la réalisation. En tant qu'acteurs économiques, leur non-participation à ces nouveaux moyens de développement local, à vocation d'abord économique, ne saurait se justifier. Les interactions entre la mise en patrimoine d'un objet du territoire et le développement de l'agriculture locale ne sont plus à démontrer. Bernard Pecqueur[4] nomme cela *le panier de biens* : *on a montré pour les produits agro-alimentaires de qualité que l'offre composite de type* « panier de biens » *pourrait valoriser au mieux le produit patrimonial tout en vendant le site. L'hypothèse du panier de biens se vérifie quand, à l'occasion de l'acquisition d'un produit de qualité territoriale, le consommateur découvre la spécificité des autres produits de la production locale et détermine son utilité sur l'ensemble des produits offerts (le « panier »). C'est-à-dire que cette offre de produits liés génère un surplus de consommation plus élevé que la somme des surplus de chaque produit. La valeur additionnelle du panier tient au fait que le consommateur achète le produit dans son contexte. On peut donc penser qu'il achète aussi autre chose, non formulé explicitement, mais pour lequel il a un consentement à payer exprimé dans le prix des produits composant le panier.* Le patrimoine et l'agriculture sont désormais indissociables et comme mariés.

---

[3] Cf. supra, sondage IPSOS.

[4] Bernard Pecqueur, « *Dans quelles conditions les objets patrimoniaux peuvent-ils être support d'activités ?* », Montagnes méditerranéennes, n°15, 2002.

II - Les paysages ruraux, entre patrimoine et création

Parmi tous les objets du patrimoine rural, s'il en est un qui mérite une mention particulière, car il caractérise le rôle essentiel des agriculteurs dans la production d'esthétique, et illustre parfaitement le rôle culturel de l'activité agricole, c'est bien le paysage rural.

Il est important de rappeler, en préalable, que le paysage, comme les autres objets patrimoniaux, est une *invention culturelle*. Ainsi que le rappelle Alain Roger[5] : *Il n'y a pas de beauté naturelle. Nos paysages sont des acquisitions, ou mieux, des inventions culturelles, que nous savons dater et analyser. Je considère que toute notre expérience visuelle ou non, est plus ou moins modelée par des modèles artistiques. La perception, historique et culturelle, de nos paysages – campagne, montagne, mer, désert, etc. – ne requiert aucune intervention mystique (comme s'ils descendaient du ciel), ou mystérieuse (comme s'ils montaient du sol), elle s'opère selon ce que je nomme, reprenant un mot oublié de Montaigne, une artialisation.* Le paysage doit même être considéré comme doublement culturel : d'une part, il est presque toujours anthropisé, donc d'une certaine manière artificialisé ; d'autre part, il est vécu et perçu comme une œuvre, c'est-à-dire artialisé, au sens d'Alain Roger. Le paysage est le regard porté sur un territoire et, au-delà du visible, comme la dimension sensible de l'environnement, au sens le plus large du terme. Il ne peut donc pas être isolé de son contexte social et écologique, car il est la représentation culturelle de l'environnement.

Ce préalable est important car, l'agriculteur, pour prendre en compte le paysage dans son activité, doit pouvoir partager les représentations de ses concitoyens, ce qui est loin d'être le cas. Jean-Pierre Deffontaines[6] constate que, *quand on parle de paysage avec des agriculteurs ou des éleveurs, il s'établit le plus souvent une distance. Il est en effet très difficile de connaître auprès d'eux, d'une part leurs problèmes, leurs interrogations, leurs attentes en matière de paysage, d'autre*

---

[5] Alain Roger, « *Le paysage n'existe pas, il faut l'inventer* », in *Patrimoine et paysages culturels*, Éditions Confluences, 2001.

[6] Jean-Pierre Deffontaines, « *Les agronomes, entre agriculteurs et usagers du paysage* », conférence lors des Agriculturelles du Pradel, 14 septembre 2002.

part dans quelles mesures ils prennent en compte le paysage dans le déroulement de leurs activités de production. Il n'y a pas de culture paysagère chez les agriculteurs. Picon a raison quand il dit : l'intérêt pour le paysage est une affaire de couche culturellement et intellectuellement dominante. *Par contre, les agriculteurs ont une culture des formes visibles.*
Les relations au paysage, du côté des usagers comme de celui des agriculteurs, méritent donc une objectivation, afin que producteurs et consommateurs du paysage puissent se comprendre.

1 – Les types de paysages[7]

Il est généralement admis qu'il existe environ 600 *paysages* en France (souvent confondus avec les pays ou les terroirs), c'est-à-dire des territoires présentant à peu près les mêmes caractéristiques morphologiques, agronomiques, architecturales, à l'intérieur de limites perçues assez clairement sur le terrain. Les paysages ainsi créés correspondent à une réalité naturelle et humaine.
La variété paysagère est donc très grande, mais dans chaque paysage se retrouvent des éléments spécifiques (caractéristiques, effets, mécanismes de fonctionnement et de gestion). On peut ainsi classer les paysages par structures paysagères : plantations d'alignement, bocages, terrasses, zones humides, grandes cultures, *steppes* ou prairies sèches, dunes, vallées, montagnes, réseaux de chemins.

A - Les plantations d'alignement

Les arbres régulièrement plantés, de part et d'autre des routes et des canaux, forment des paysages à la fois clos, ouverts, rythmés. Les troncs d'arbres, dépourvus de branches à leur base, créent un écran transparent à travers lequel l'automobiliste ou le touriste découvre le paysage, comme à travers des colonnes régulièrement espacées.

---

[7] Ce paragraphe reprend les catégories de l'ouvrage *Paysage, paysages* de Jean Cabanel, Éditions Jean-Pierre de Monza, 1995.

Par leur linéarité, leur volume, leur régularité, leur transparence, les plantations d'alignement sont une composante du paysage français, qui ont correspondu à un projet politique, celui d'affirmer l'identité et l'unité du pays, tout en permettant aux différences régionales de s'exprimer, en particulier par le choix des espèces.
Ces plantations ont souvent fait l'objet de critiques à cause des accidents routiers. Mais on s'aperçoit aujourd'hui qu'elles peuvent, au contraire, améliorer la lisibilité de la route, témoin visuel de la vitesse, en la balisant *naturellement.* Il s'agit donc aujourd'hui de recréer des paysages routiers pour que les routes et autoroutes deviennent des espaces à vivre.

B - Les bocages

Les bocages, qui constituent des systèmes visant à enclore les parcelles, sont des paysages caractéristiques de nombreuses régions : Bretagne, Normandie, Nivernais, Morvan, Provence… On peut distinguer cinq familles de bocages.

- Le bocage de haies composites

Les haies sont formés d'associations de végétaux à plusieurs étages formant des brise-vents efficaces. L'étage bas de buissons sert de clôture et abrite de nombreux animaux, et l'étage haut fournissait le bois de chauffage. Par ailleurs, ce type de bocage est un élément indispensable de la régulation du régime des eaux. Le maintien de ce bocage est difficile, car la mécanisation de l'agriculture encourage l'agrandissement des parcelles et la suppression de haies, et le coût d'entretien pour l'agriculteur n'est plus compensé par le rapport de la haie (bois de chauffage, fruits …).`

- Les clos masures

Courants dans le pays de Caux, ils sont formés de plantations linéaires et régulières d'arbres de haut jet. Ils entourent les fermes et créent un volume de grande dimension, donnant un sentiment de sérénité.

- Le bocage de haies basses

Régulièrement taillées à une faible hauteur du sol, les haies clôturent les prairies. Ces haies, typiques du Morvan, dessinent l'espace en lui conférant une échelle à dimension humaine.

- Le bocage provençal

Typique du Comtat Venaissin, il est caractérisé par des bandes de plantations, souvent faites d'une seule espèce, comme cyprès, saules ou peupliers, destinées à couper la force du vent dominant, le mistral.

- Le bocage de pierre ou *lithique*

Il est formé de murs de pierres sèches clôturant les champs et les prairies. Ce type de bocage, que l'on trouve dans les Causses du centre et du sud de la France, crée des paysages structurés, dotés d'une force étrange, peut-être due au rapport qu'entretient leur forme avec la géographie du lieu.

Les paysages de bocages expriment à la fois un sentiment de protection (contre l'extérieur, contre le vent, le soleil…) et un sentiment de sérénité (harmonie des couleurs, jeux de lumière, biodiversité…).

C - Les paysages de terrasses

Les paysages agricoles de terrasses représentent de vastes surfaces qui ont permis de faire vivre une population très nombreuse. Ce sont les paysages typiques du sud de la France, en particulier dans les Cévennes.

Les paysages de terrasses ont été conquis sur les reliefs accidentés, pour faciliter la mise en culture. Ce sont des créations agronomiques savantes, qui ont permis de lutter contre l'érosion et faciliter l'infiltration de l'eau. Ils ont servi de supports à toutes les cultures, céréales et prairies comprises, alors que leur entretien requérait l'attention d'un jardin.

Le paysage de terrasses apparaît à l'observateur comme une superposition de plans, à la fois horizontaux, avec les gradins que soutiennent les murettes, et verticaux, avec les piquets ou les arbres. Il donne le sentiment paradoxal de lieu à la fois de refuge, où tout est à sa place et où l'on est protégé par les murs et le promontoire, et de labyrinthe complexe, à trois dimensions, un peu sauvage. Ces paysages, en tout cas, ne peuvent laisser indifférents, tant on ressent ce mélange intime des forces du sauvage de la nature et du civilisé du travail de l'homme.

D - Les marais

Les marais constituent des paysages particuliers, tant par leurs flores et leurs faunes spécifiques aux milieux humides, que par le mode de relations qui s'y sont installées entre l'homme et la nature.
Alors que les marais ont été frappés de malédiction pendant des millénaires, ils présentent aujourd'hui, par leur diversité d'aménagements (marais de littoral très ouverts, marais de bords de rivières plus fermés, marais cultivés, marais asséchés), de nombreux intérêts, et suscitent un tourisme de plus en plus fréquent. L'intérêt écologique des zones humides et la qualité esthétique des lieux, par la rencontre de l'eau, de la terre et de la vie végétale et animale très riches (réserves d'espèces, zones de migration), font des marais des paysages dont la protection est très contrôlée, et ce d'autant plus que la forte présence d'eau accroît la sensibilité de ces milieux aux diverses pollutions.

E - Les paysages de grande culture

Façonnés par une agriculture mécanisée, ils sont constitués de vastes champs peu diversifiés, où le regard n'est pas limité. On les dit souvent monotones, alors qu'ils offrent pourtant au regard, selon les saisons, des palettes de couleurs d'une grande intensité et, du fait de leur ouverture, des perspectives remarquables. Dans de nombreuses régions, le vallonnement de la plaine permet, en outre, de rythmer le parcellaire et d'enrichir la perspective.
Ces espaces sont porteurs de valeurs sensibles plus complexes qu'il n'y paraît à première vue, et méritent d'être réestimés.

F - Les paysages de rivières

Les rivières génèrent une organisation spécifique de l'espace, qu'elles s'inscrivent dans une vallée plus ou moins encaissée, ou au contraire, dans une plaine alluviale ne présentant guère de mouvements de terrain. Les rives, les versants, possèdent des caractères hydrologiques et écologiques propres, auxquels

s'attachent des environnements riches, variés, contrastés, qui impliquent une gestion différenciée.
Comme le marais, le bord de rivière offre toujours une qualité esthétique, en raison du mariage des éléments, qui favorise le désir de protection.

G - Les paysages de forêts et de bois

Selon qu'il s'agit de forêts rationnellement exploitées, de boisements résultant d'enfrichement, ou de châtaigneraies abandonnées, les paysages seront différents. De même, en fonction des espèces d'arbres qui les composent, ils pourront donner une vision majestueuse, riche d'une infinité de teintes, ou une vision sombre fermant l'horizon.
La forêt, qui a fortement accru sa superficie en France et en Europe durant ces dernières décennies, exige une grande attention, car elle est non seulement un facteur d'équilibre écologique, une source de matériaux nobles et d'énergie, mais aussi un lieu de ressourcement pour la plupart des citoyens, véritable présence tutélaire du peuple des arbres, qui nous protège et nous parle.

H - Les paysages de montagnes

Ceux-ci sont marqués par des contrastes dûs à l'altitude, à l'orientation et à la nature des sols. La végétation, les cultures, les activités varient beaucoup d'une montagne à l'autre, en raison d'une multiplicité de facteurs qui imposent leur loi. Mais les paysages de montagnes ont tous en commun cette merveilleuse composition entre les éléments naturels et la présence de l'homme. Les traces de la présence humaine, que ce soit à travers les routes et sentiers sinueux, les habitations utilisant les matériaux naturels disponibles localement, les techniques agricoles inventées (parcours pour animaux, terrasses), donnent au paysage de montagnes une dimension culturelle très forte.

I - Les paysages de steppes

Ces paysages correspondent à des prairies sèches, telles que les Causses. Leur beauté austère, parfois étrange, souvent fascinante, est exaltée par la présence d'affleurements rocheux. L'herbe y est rare, donc précieuse. L'aridité est adoucie par la présence de plaques de verdure aux teintes pastel, qui créent des touches de fraîcheur aux endroits plus humides.
Les paysages de pelouses sèches offrent un horizon très dégagé, qui donne une sensation proche de celle de bord de mer.

J - Les paysages de dunes

Ces paysages très spécifiques ne se retrouvent en France que sur le littoral maritime. Ce paysage se caractérise par une grande vulnérabilité, mais offre toujours au regard une grande force, du fait de cet aspect très minéral.

K - Les réseaux de chemins et le parcellaire

Comme les plantations d'alignement et les rivières, les découpages de parcellaire et les chemins sont le résultat de toute l'histoire foncière. Aussi représentent-ils une structure paysagère entrant pour beaucoup dans la compréhension d'un paysage, mais également dans l'élaboration de tout projet visant à son évolution.

2 – Le paysage culturel

La description des différentes structures paysagères permet de mieux appréhender la complexité de la problématique paysagère, car elle met en évidence la diversité des paysages, nés des conditions naturelles et de l'activité humaine conjuguées.
Le paysage est en effet, certes un résultat, mais aussi une production permanente, par sa constitution d'éléments vivants (la végétation) et l'action permanente des hommes. En outre, l'empreinte de l'action humaine s'évalue sur de nombreuses années, car, par exemple, l'arrachage ou la plantation d'arbres entraîne de multiples conséquences, non seulement sur le plan

esthétique, mais aussi sur le fonctionnement physique, chimique et biologique ultérieur de l'écosystème modifié.
Les enjeux liés au paysage sont donc à cerner au mieux avant toute action car, en tant que résultat, le paysage est déjà un objet complexe pour lequel les points de vues divergent, mais en tant que production, les acteurs nombreux peuvent éprouver de sérieuses difficultés à se mettre d'accord.

A - Les enjeux liés au paysage

Les enjeux, selon Jean Cabanel[8], sont de plusieurs ordres.

- Ils sont économiques, car le paysage est devenu un bien précieux pour l'activité touristique. La France reste une des premières destinations du tourisme mondial et l'un des critères de ce choix est la grande diversité de ces paysages. Deux secteurs d'emplois sont donc concernés par la production du paysage. Ce sont d'abord les métiers du paysagisme, qui créent beaucoup d'emplois qualifiés, et les métiers du tourisme par effet indirect.
- Ils sont médiatiques : le paysage étant devenu un vrai media pour la vente de nombreux produits, les produits touristiques bien sûr, mais aussi les produits agricoles (nous revenons à la notion de panier de biens). Même l'installation de nouvelles entreprises est plus facile dans des sites dont l'environnement paysager est de qualité.
- Ils sont culturels : les paysages étant l'œuvre de générations d'hommes et de femmes, ils portent la marque de leur art agronomique, de leurs techniques, de leurs habitudes de vie et de comportement en société. Ils sont donc un des premiers patrimoines culturels communs. L'apprentissage du paysage aux enfants, pour qu'ils le comprennent et le respectent, devient un véritable enjeu de société.
- Ils sont environnementaux : le paysage permet une approche sensible de l'environnement, qui complète une approche plus souvent quantitative (biodiversité, quantité de polluants...). La reconnaissance de beaux paysages va

---

[8] Cabanel Jean, *Paysage, paysages*, Éditions Jean-Pierre de Monza, 1995.

souvent de pair avec la préservation de milieux écologiquement riches ; les parcs naturels régionaux et nationaux sont autant respectés pour la qualité des sites qui les constituent que pour la faune et la flore qu'ils contribuent à maintenir.

B - Le paysage-patrimoine

Le paysage est le résultat de l'action pluriséculaire des hommes au sein d'un territoire. Il fait patrimoine parce *qu'il est ou a été habité. Autrement dit parce que l'on y trouve, en forme de signes, les traces de notre histoire sociale, passée comme contemporaine*[9]. Ces *traces* donnent à voir des formes visibles, qui font sens pour l'observateur, parce que les valeurs esthétiques, symboliques, historiques, identitaires sont fortes. La plupart des paysages contemporains expriment un projet d'aménagement du territoire de nos ancêtres, qui alliait la recherche de beauté à celle des solutions techniques.
Le paysage est ainsi facilement reconnu comme un patrimoine quand le souci de la conservation ou de la sauvegarde se fait jour. Si la conservation ne peut être limitée qu'à de faibles échelles (jardin par exemple), en raison de la permanente évolution du paysage (liée au caractère vivant des éléments du paysage) et de la difficile conservation d'un bien collectif constitué d'un ensemble de parcelles privées, la sauvegarde est par contre devenue une pratique courante pour le paysage. Cette sauvegarde vise deux objectifs .

- La protection de lieux de mémoire d'un projet d'aménagement

De nombreux exemples typiques existent dans le monde. Dans les paysages cisterciens, la convergence des chemins et des quartiers de labour vers le cloître avait pour projet de rendre sensible la présence divine au centre du cloître. Dans les paysages toscans, c'est le modèle de la Renaissance (inspiré de la *Fresque du Bon Gouvernement*, réalisée en 1350 par Ambrogio Lorenzetti), où ville et campagne se complètent harmonieusement, qui est encore présent. Dans

[9] Michel Duffour, discours d'ouverture du colloque international de Saint-Emilion *Patrimoine et paysages culturels* , Actes du colloque, Éditions Confluences, 2002.

les paysages ruraux français du vingtième siècle, c'est l'idéal révolutionnaire de l'harmonie des paysages, reflet de l'harmonie sociale obtenue grâce à la remise des terres aux paysans, qui permet de faire de la France le *jardin de l'Europe* (il ne faut en effet pas oublier qu'Arthur Young[10], en 1789, écrivait que le paysage rural français était lamentable). Ces paysages sont des *monuments historiques* qui témoignent du passé de notre civilisation.

• La protection de lieux d'inspiration pour le futur

Les réponses techniques, sociales, culturelles, apportées par les sociétés précédentes, ont non seulement laissé des marques sur le territoire, mais ont également influé sur nos goûts et nos façons d'apprécier les paysages. La connaissance des logiques qui ont conduit à ces réponses peut donc nous inspirer pour résoudre les problèmes techniques et paysagers de notre époque. Ainsi, le travail réalisé par la fédération nationale des parcs naturels régionaux, pour comprendre l'origine des principales grandes structures paysagères de France, va dans ce sens.

C - Le paysage-création

Depuis la nouvelle loi de 1993 sur le paysage, la notion de mise en valeur s'est ajoutée à la notion de protection. Le renforcement de cette loi, d'une part, par la loi d'orientation agricole de 1999, qui reconnaît le rôle des agriculteurs dans la protection, la gestion et la création des paysages, d'autre part, par la loi d'orientation pour l'aménagement durable du territoire de 2000, permet d'offrir un cadre très favorable à la valorisation des paysages, autant ceux remarquables que ceux ordinaires.

Bertrand Hervieu et Jean Viard[11] le rappellent en écrivant : *hier comme aujourd'hui, le paysage demeure un produit de l'agriculture, à une nouveauté près, considérable : hier le paysage était une résultante ou une conséquence ; aujourd'hui, il est, en soi, une production... et un appel pour l'agriculture. Le paysage ne s'hérite plus, il se construit ou se reconstruit. Et l'agriculture, dans ce processus, redevient culture.*

---

[10] Arthur Young, *Voyages en France*, Éditions 10/18.

[11] Bertrand Hervieu et Jean Viard, *Au bonheur des campagnes*, L'Aube, 2001

La création ou la re-création de paysages, est bien une activité à la croisée de l'agriculture et de la culture. Celle-ci doit prendre en compte tant les phénomènes écologiques et biologiques que les phénomènes sociaux et culturels. Les réalités de terrain doivent être confrontées aux aspirations des usagers.
Le paysage d'élection, paysage-miroir, paysage-médecin, paysage alors doté de vertus, est ainsi un thème exemplaire pour mettre en œuvre une démarche de gouvernance au sein d'un territoire. En effet, tous les ingrédients de la gestion de la complexité sont présents.

- C'est un objet de lecture plurielle, que chacun caractérise avec ses représentations mentales, ses goûts, son imaginaire. L'objectivation des données, et le partage de critères d'analyse pour une évaluation collective de la qualité d'un paysage, permettent de rationaliser le débat.
- C'est un bien public, composé la plupart du temps de parcelles de terrains privés. Sans le débat et la recherche d'un consensus, aucune action collective efficace ne pourra être menée.
- Il est, par nature, mouvant, évolutif, vivant, donc mortel, mais aussi doué de renaissance et de métamorphoses possibles. L'action à mener est de l'ordre de la régulation des phénomènes, plus que d'un contrôle très bien quantifié.

3 – La médiation pour une culture partagée entre agriculteurs et usagers

Les agriculteurs, dans la protection ou la création de paysages, sont des acteurs essentiels. Le partage d'une culture paysagère est donc à construire entre les agriculteurs et les usagers du paysage. D'un côté, le droit de regard des acteurs non agricoles sur les espaces ruraux doit prendre en compte la connaissance et la compréhension des systèmes de production agricole, et les règles qui permettent aux agriculteurs d'agir. De l'autre, les agriculteurs doivent reconsidérer l'intérêt du paysage dans leur métier. En effet, le paysage constitue la *vitrine* de leur activité. Cette situation est rare car, dans de nombreux métiers, la production est cachée. L'agriculture peut donc utiliser le paysage pour mieux faire connaître son activité.

Quelques exemples de territoires agricoles, encore peu nombreux, ont su utiliser ce mode de communication. Mais il reste trop réservé à des paysages considérés comme remarquables (paysages de montagnes, paysages de terrasses...) et émane plus souvent de collectivités territoriales ou de parcs naturels que de la profession agricole. Aujourd'hui, nul paysage rural n'échappe au regard des habitants et des visiteurs, et chaque territoire mérite qu'une véritable politique du paysage soit engagée.

Aussi, afin de favoriser l'indispensable dialogue entre agriculteurs et usagers, Jean-Pierre Deffontaines[12] préconise-t-il un détour par les formes visibles. Car, si *les agriculteurs n'ont pas de culture paysagère*, ils ont une culture des formes visibles. Ils sont en effet attentifs aux formes qui résultent de leurs pratiques culturales (modelés de surface des parcelles, allure du couvert végétal...) et sont très sensibles aux formes relativement durables héritées des pratiques passées (murets, haies, terrasses, forme des parcelles, position des chemins) qu'ils maintiennent ou remodèlent selon les exigences actuelles. Il émet l'hypothèse que l'intelligibilité des formes visibles dans le paysage, en particulier la connaissance de leurs liens avec les systèmes d'activités agricoles qui les produisent, et la désignation des formes significatives pour l'agriculteur, sont déterminantes pour le développement des relations qui peuvent s'établir entre les agriculteurs et les usagers des paysages. Il va même jusqu'à considérer l'agriculture, dans cette perspective, comme *une activité fondée sur le vivant qui produit dans le territoire des formes changeantes dans une trame de formes durables*. Les formes durables sont celles qui résultent de dispositifs stables, tels que le parcellaire et les divers aménagements (d'accès, de maîtrise de l'eau, de protection, de clôture...). Les formes changeantes sont celles qui ne dépassent pas le temps d'une campagne agricole, et qui résultent des opérations techniques (labour, semis, irrigation, récolte...) et des rythmes naturels de la végétation (levée, croissance, floraison, épiaison...). Ces formes sont à agréger à plusieurs

[12] Jean-Pierre Deffontaines, « *Les agronomes, entre agriculteurs et usagers du paysage* », conférence lors des Agriculturelles du Pradel, 14 septembre 2002.

échelles : au niveau de la parcelle, au niveau de l'exploitation agricole et au niveau d'un territoire plus vaste (bassin versant, si les formes sont étudiées dans une approche écologique, bassin de vie, si les formes sont désignées pour une médiation entre agriculteurs et usagers…).
Cette démarche d'objectivation constitue donc la première étape d'engagement d'un dialogue entre agriculteurs et usagers du paysage. Les quelques recherches agronomiques sur ce thème produisent déjà des résultats intéressants, parce que, bien sûr, la modélisation de la dynamique des formes visibles offre une base objective, qui favorise la mise en place de stratégies territoriales de gestion paysagère, et parce que l'attention portée à ce qui se voit favorise la sensibilisation des agriculteurs à ce qui se voit moins facilement (dynamique de la biodiversité, pollution de l'air et de l'eau…).
L'agriculteur n'a pas encore pris conscience de sa capacité à mettre en scène son territoire d'action. La reconnaissance, par les usagers et par lui-même, de son rôle culturel, devrait progressivement permettre la construction d'une culture commune, et le paysage sera certainement un des premiers objets de partage de cette culture.

III - La création agriculturelle : l'utopie du paysan-artiste ?

Au-delà de la patrimonialisation des objets issus de l'agriculture et de la ruralité, l'exemple du paysage nous montre que le rôle culturel de l'agriculteur ne se confine pas dans la seule protection de ce qui existe. L'activité agricole est vivante, et sa modernité est source de nouveautés, fondements du patrimoine de demain. En ce sens, il faut aussi considérer l'activité agricole comme une activité de création agriculturelle.
D'ailleurs, depuis l'aube de l'agriculture, ne se pose-t-on pas la question essentielle de savoir dans quelle mesure l'agriculture est une science, et dans quelle mesure elle touche à l'art ?
L'agriculture a donné naissance à la science agronomique, inaugurée par la démarche expérimentale d'Olivier de Serres[13] :

[13] Olivier de Serres, *Théâtre d'agriculture et mesnage des champs*, réimpression de l'édition de 1605, Éditions Slatkine, Genève, 1991.

science, expérience, diligence. Le père de l'agriculture française entendait la *science plus utile que difficile, pourvu qu'elle soit entendue avec raison, conduite par expérience et pratiquée par diligence.* Elle avait pour objet d'améliorer la pratique de l'agriculture, la pratique étant première. Aujourd'hui, la recherche scientifique a pris une telle place dans nos sociétés que l'on se demande parfois si elle est au service de la pratique. C'est peut-être aussi pour cela que l'art de l'agriculture redevient une si forte demande sociale.
L'agriculteur est devenu un agronome, mais il faut emprunter le chemin indiqué par Pierre Rabhi[14] : *l'agronome m'apparaît comme ces petits phénomènes hybrides, mélange de tradition et de modernité, aptes à ouvrir des voies médianes dans le labyrinthe où se mêlent faux progrès et valeurs anachroniques. Dégagés de l'obsession du modèle dominateur jusque-là absolu et dont le naufrage se précise, ils imaginent des nouveautés et renouent avec les délires et les rêves pratiques pour nourrir le futur.*
L'agriculteur innove, invente, conçoit, crée. Il exprime donc bien, à sa manière, son état d'artiste dans et par sa pratique.

1 – L'agriculteur et le *nouveau*

Pendant des millénaires, les découvertes agronomiques (qualité des terres, sélection des plantes et des animaux, défense des plantes et des animaux...) et ménagères (utilisation culinaire des plantes, recyclage des déchets...) résultaient le plus souvent d'une démarche empirique des paysans. Avec l'ère productiviste, le paysan est devenu exploitant agricole et a laissé la création du nouveau à la techno-science. Trop occupé à l'accroissement de la productivité de son travail, il a perdu en grande partie son potentiel de création. Certains d'entre eux ont cependant maintenu leur force créatrice, soit parce que leur production le leur permettait (c'est le cas des vignerons indépendants, qui ont gardé et même développé leur art dans leurs vignes et dans leurs caves), soit parce qu'ils ont résisté, et ils sont alors devenus les agriculteurs marginaux, par exemple

[14] Pierre Rabhi, *Parole de terre*, Albin Michel, 1996.

ceux des différents courants de l'agriculture biologique, ou de l'accueil paysan.
Dans ce nouveau contexte où l'agriculteur est un entrepreneur, où chaque territoire a à ré-inventer son agriculture pour répondre aux besoins de la société, l'agriculteur peut reprendre son pouvoir de création en main et proposer de nouvelles formes, de nouvelles représentations, de nouvelles œuvres.

A - L'agriculteur-inventeur

Comme dans la plupart des autres métiers, l'agriculteur, depuis qu'il existe, essaie d'imiter les phénomènes naturels, tout en cherchant à réduire les contingences. En agriculture, cela a consisté à améliorer la productivité de la terre et des êtres vivants qu'il produit, et à prendre le pas sur les aléas (climatiques, mais aussi biologiques). Pour ce faire, l'agriculteur n'a cessé d'inventer :

- De nouvelles techniques agronomiques (aménagements fonciers, amendements du sol, gestion de l'eau et des éléments fertilisants, adaptation d'espèces végétales et animales, protection des plantes et des animaux...).
- De nouvelles variétés de végétaux et de races d'animaux, par une sélection toujours renouvelée.
- De nouvelles valorisations des produits agricoles, dans le domaine alimentaire (conservation et transformation des produits) ou dans divers usages domestiques (fourniture d'énergie, de textiles, de pharmacopée, de cosmétiques...).

Aujourd'hui, il semble qu'il n'est plus du ressort de l'agriculteur d'inventer, car l'innovation s'est déplacée dans l'agro-industrie ou dans la sphère technoscientifique. Or, la capacité d'inventer est une des plus grandes clés de la réussite des entreprises, et ce, pour plusieurs raisons.

- Sa propre invention, issue de son expérience locale, est souvent mieux adaptée au contexte de l'entreprise qu'une innovation venant de l'extérieur. C'est l'évidence pour une nouvelle variété ou une nouvelle race, mais également pour une nouvelle technique, car chaque situation agronomique est particulière.
- La création de nouveau engendre régulièrement un nouveau marché, car le produit est rare, la niche

commerciale étant souvent source de valorisation de la production.

- L'innovation agronomique et technique coûte cher à l'agriculteur. Comme pour la distribution de ses produits, la réappropriation de la capacité d'innovation de l'agriculteur permettra de redistribuer les pouvoirs, et donc les marges.

L'agriculteur, seul ou en groupe, se doit de proposer au territoire des nouveautés, qui peuvent être d'ailleurs des anciennes traditions remises au goût du jour (anciennes cultures ou races locales, anciennes recettes, anciennes utilisations de produits...), mais aussi des émergences complètement nouvelles.

B - L'agriculteur-concepteur

L'innovation peut porter sur l'invention de nouveaux produits, mais peut aussi résider dans la conception d'idées nouvelles. C'est vrai, l'intelligence pratique et le bon sens paysan ont quelque peu été oubliés au profit de la connaissance scientifique. Or, dans l'action, tout n'est pas scientifique, et l'agriculteur, comme tout acteur, mobilise des concepts qui ne sont pas tous scientifiques (on parle de *concepts pragmatiques*). L'efficacité de l'action tient tout autant aux concepts pragmatiques qu'aux concepts scientifiques. Il y a donc urgence à reconsidérer la connaissance pratique des agriculteurs, capable de générer autant de développement que la connaissance scientifique.
De même, pour ce qui concerne les relations sociales, que ce soit entre pairs ou au sein de la société locale, les agriculteurs ont souvent fait preuve de capacités d'innovation, certes la plupart du temps pour lutter contre les difficultés. Ces relations sociales se sont même transformées, parfois, en valeurs de la société rurale (entraide, solidarité...). Plus généralement, les relations au temps, à la nature, à la mort, sont différentes chez les agriculteurs de chez les autres catégories sociales.
La redécouverte d'une pensée paysanne, ou l'affirmation de nouvelles idées basées sur l'expérience du métier d'agriculteur, sous-tendent la nouvelle dimension culturelle que l'agriculteur peut promouvoir dans son rôle sociétal.

C - L'agriculteur-esthète

Que l'agriculteur aime fondamentalement le beau, il suffit, pour s'en convaincre, de constater que tous les concours agricoles infèrent le critère de beauté dans leurs jugements : concours d'animaux, concours de labour, concours de taille de vigne, concours des produits agricoles...

En outre, il est notoire que les agriculteurs aiment le travail bien fait. Comme, par ailleurs, ils ont un courage à toute épreuve et la passion de ce qu'ils font, il ne leur manque aucune des qualités qui font l'artiste.

Alors, pourquoi jamais n'exista-t-il d'œuvres agricoles impliquant une mise en scène de la nature, comme il existe des œuvres architecturales ou des sculptures ? Tout simplement parce que jamais encore il n'y avait eu rencontre entre l'artiste agricole et son public.

L'agriculteur produisait des paysages et des produits agricoles, ayant formes, couleurs, odeurs, textures et goûts, sans savoir que le beau avait en soi une valeur particulière. Jamais les usagers n'avaient critiqué ni revendiqué le beau dans les œuvres agricoles, car les rythmes saisonniers ne perturbaient pas l'apparente permanence des paysages sur plusieurs années, et le manque de paysage ne s'était pas fait sentir.

Aujourd'hui, la situation est toute autre, puisque le grand public a pris conscience de la fragilité des œuvres agricoles, du paysage d'abord, mais aussi de tous les *beaux* produits.

À son tour, l'agriculteur a donc à prendre conscience de ses prérogatives de metteur en scène de ses œuvres. Et sa mise en scène doit, certes, revaloriser le patrimoine agricole et rural, dans une démarche de sauvegarde de paysages exemplaires et de produits traditionnels. Mais l'agriculteur peut aussi choisir une autre voie de mise en scène de son métier, par la création de nouveaux paysages ou de nouveaux produits, privilégiant l'esthétique. Par exemple, pourquoi quelques agriculteurs de Beauce ne proposeraient-ils pas à des collectivités locales un service de production de paysages, sur les axes routiers les plus fréquentés par les citadins ? Ils pourraient assoler les différentes cultures pour que les parcelles offrent des palettes de couleurs et de formes évoluant tout au long de l'année. Dans une démarche de contrat, les agriculteurs seraient rémunérés pour le travail supplémentaire demandé par cette production de paysage. Dans d'autres domaines que le paysagisme, des agriculteurs novateurs s'engagent dans cette démarche d'ouverture de leur ferme au public avec une perspective artistique (résidence d'artiste, théâtre itinérant, soirée contes...). Tout est à inventer dans ce domaine, si l'agriculteur accepte de se représenter, et de représenter son métier comme un artiste.

2 – Les agriculteurs, les artistes, et les autres ruraux

La création agriculturelle propose une nouvelle ambition à l'agriculture. Plus que jardinier de la nature, l'agriculteur en devient le paysagiste. Plus que producteur agricole, le metteur en scène d'un produit agricole. Plus qu'agriculteur, le communicateur de son métier.
Beaucoup qualifieront cette vision d'utopique. Soit. Mais l'utopie est la réalité de demain et il convient d'ores et déjà d'envisager le contexte de 2020, avec une Europe à 30 pays voire plus, nettement plus concurrentielle, avec de nouvelles découvertes scientifiques qui modifieront fortement la production agricole, et tout ceci au sein d'une mondialisation qui, même maîtrisée, ne facilitera pas une agriculture européenne exportatrice. L'agriculture française et européenne se doit donc d'anticiper cette nouvelle donne, et reconquérir la proximité des consommateurs, la sensibilité des citoyens, ainsi que le symbolisme de la nourriture et de la culture rurale pour l'Homme.
Cette création agriculturelle doit pouvoir s'inscrire dans des projets de territoires, ce qui permettra aux agriculteurs de s'associer avec d'autres forces, d'autres compétences, pour mettre en scène leur métier.
L'association de compétences peut très bien s'effectuer dans l'entreprise agricole même. Ces compétences multiples peuvent se développer soit dans une démarche individuelle de pluriactivité, soit dans une démarche collective, par création d'une forme sociétaire. Aujourd'hui, la pluriactivité en agriculture se développe principalement par l'association d'une activité agricole avec une activité liée au tourisme. Demain, un agriculteur pourra développer, en parallèle, une activité agricole de production, une activité de paysagiste rural ou une activité

culturelle (création d'événements, transmission de savoirs, production artistique…). Dans la démarche collective, ce peuvent être deux ou trois agriculteurs qui s'associent, pour se spécialiser chacun dans un domaine.
Mais d'autres associations sont à envisager avec des non-agriculteurs. Les artistes, bien sûr, car tous les agriculteurs ne seront pas en mesure d'exprimer leurs talents, et ils auront besoin de s'adjoindre des compétences d'artistes, pour mettre en scène leur métier ou leurs produits. Dans de nombreux territoires, nous voyons de plus en plus d'artistes en résidence chez des agriculteurs, des compagnies de théâtre ou de spectacles participer à des fêtes agriculturelles, lors desquelles une filière ou un terroir est mis en valeur, des sculpteurs intervenir dans la campagne, sans oublier les cinéastes, qui utilisent de plus en plus régulièrement le support de la campagne dans leurs films. Au-delà des artistes, ce sont de nombreux ruraux qui s'intéressent à la mise en valeur de l'agriculture de leur territoire. Il suffit de voir la mobilisation du mouvement associatif lors des fêtes agriculturelles pour s'en convaincre. Les agriculteurs peuvent donc compter sur de nombreuses personnes-ressources pour les aider à développer leur rôle culturel au sein des territoires. Enfin, les collectivités territoriales cherchent aujourd'hui à rendre organique le lien entre la ville et la campagne, et se montrent par suite très favorables au développement d'activités culturelles du monde agricole.

Grâce à la prise de conscience progressive par les citoyens de l'importance du rôle culturel des agriculteurs, l'agriculture peut redevenir ce qu'elle a toujours été : à la fois le résultat d'un art et d'une science.
Il appartient aux agriculteurs de saisir l'opportunité que leur offre la société actuelle, en plein bouleversement. Dans notre société tertiaire, l'agriculture peut aussi développer une activité de services pour la population et pour le territoire, en complément de son activité de production. Cette voie est non seulement valorisante pour les hommes, afin que les agriculteurs retrouvent toute leur dignité, durement mise à l'épreuve ces dernières années, mais elle est aussi, il faut y

insister, un moyen de valorisation commerciale de la production.

V

L'agriculture, une mission sociétale d'éducation à la citoyenneté : apprendre pour comprendre, apprendre pour agir

Voilà le plus grand événement du vingtième siècle : la fin de l'agriculture, en tant qu'elle modelait conduites et cultures, sciences, vie sociale, corps et religions. Certes, des cultivateurs nourrissent et nourriront sans doute toujours leurs contemporains (...). Mais l'Occident vient de changer de monde. La Terre, au sens de la planète photographiée dans sa globalité par les cosmonautes, prend la place de la terre, au sens du lopin quotidiennement travaillé. Cette crevasse sépare la fin du siècle dernier de tout le temps passé depuis le néolithique ; elle a déjà transformé nos rapports à la faune, à la flore, à la durée saisonnière, au temps qui passe, au temps qu'il fait, aux intempéries, à l'espace et à ses lieux, à l'habitat et à nos déplacements. Elle a changé le lien social ; nous ne vivons plus ensemble de la même manière dès lors que s'efface notre cordon nourricier commun au champ, au fonds, à l'herbe et aux bêtes, à l'occupation des lieux, à leur défense et à la guerre ; nous ne mourrons même pas de la même manière, puisque, préférant les brûler par manque de place en ville, nous n'enterrons plus nos morts sous le sol que nos travaux arrosèrent de sueur. (...) Voilà donc la plus large et la plus profonde des nouveautés du siècle passé. Du coup, les écologistes des villes, peu familiers de l'ancien monde rural, disent mal avec des mots et depuis peu, sur le paysage, ce que les agriculteurs y font avec leurs bras depuis des millénaires. Coupée de la terre ou la méconnaissant jusqu'au mépris, la philosophie, au moins que je sache, n'a pas pris encore en compte cette rupture hominescente.

Michel Serres,
Hominescence,
Éditions Le Pommier, 2001.

Les chapitres précédents avaient pour objet principal de montrer que la réalité agricole peut être observée avec un autre point de vue que celui d'une activité de production technologique de matières premières. Cette description a permis de mettre réellement en évidence que l'agriculture est l'activité qui utilise le milieu naturel et les êtres vivants pour les transformer en produits culturels. L'agriculture porte donc en elle des valeurs métisses nées de la nature et de la culture.

L'agriculture a cette chance d'être encore une activité *à ciel ouvert* , même si les cultures et les élevages hors-sol sont apparus pendant ces dernières décennies. Après de fortes critiques de certaines pratiques agricoles, qui ne concernaient qu'une faible proportion d'agriculteurs et de territoires, l'agriculteur ne doit pas abandonner aux autres la communication sur son métier. Mais, bien au-delà, il doit tirer sa force de son prétendu handicap. Tout le monde peut observer l'activité agricole de sa voiture ou d'un train, mais qui la comprend ? Et si nous ne comprenons pas ce qu'est la nature, ce que nous mangeons ou ce qui est polluant, comment agir en conséquence ? De fait, nous n'avons pas encore mesuré tout le potentiel de l'agriculture en tant que support idéal pour nombre d'apprentissages de base du citoyen moderne.

A l'époque où le développement doit prendre en compte la durabilité écologique, et où de nombreux citoyens ont perdu ce

lien à la terre, comme le précise Michel Serres ci-dessus, l'agriculture est là pour apprendre ce qu'est la nature, ce qu'est la vie, ce qu'est l'écologie, ce qu'est la nourriture, ce qu'est la gestion des ressources...
Pour être support de ces apprentissages, l'activité agricole dispose en effet d'atouts majeurs.

- Elle est en relation avec tous les phénomènes de la vie, que ce soient les différentes espèces végétales et animales, les différentes phases de la vie ou les différents cycles des éléments vitaux. Elle peut donc permettre de montrer une réalité qui facilite la compréhension.
- Elle a simplifié au fil du temps les écosystèmes, quelquefois trop. Mais cette simplification permet un meilleur isolement des éléments du système, et donc une meilleure compréhension du fonctionnement.
- Elle se situe dans le milieu rural où le fonctionnement social est beaucoup plus visible car constitué d'un plus petit nombre d'acteurs, rendant donc ceux-ci mieux identifiables. Ainsi, pour la compréhension de phénomènes complexes, comme les conflits d'usage (gestion de l'eau par exemple), ou la politique paysagère, l'agriculture et la ruralité constituent-elles d'incomparables supports.

De ceci découle qu'une mission d'éducation échoit aujourd'hui à l'agriculture ; en témoignent un certain nombre d'exemples, véritable socle de savoirs pour les générations futures.

I - Apprendre à observer la vie

Dans le deuxième chapitre, nous avons montré l'omniprésence de la vie en agriculture : dans le sol et dans les productions agricoles. Particularité unique, faisant donc de l'exploitation agricole un lieu d'observation très privilégié de la plupart des phénomènes vitaux. Nous n'en retiendrons que ceux qui nous paraissent essentiels à une culture citoyenne.

1 – Connaître les cycles de la vie

Tout organisme vivant naît, croît, se développe, se reproduit, vieillit et meurt. Ces différents stades de la vie sont communs aux végétaux et aux animaux.
Or, l'observation de chacun de ces stades, chez une pluralité d'espèces, permet de construire des représentations sur les phénomènes vitaux beaucoup moins erronées que celles que l'on retrouve dans les discours destinés au grand public. Un certain nombre d'exemples peuvent illustrer ces situations d'apprentissage.

- L'observation des différents stades de la vie est la base de la compréhension des produits agricoles. Pour la plante, elle permet de comprendre l'origine et les propriétés de ce que l'on trouve dans les étals de fruits et légumes (la racine, la feuille, la tige, la fleur, le fruit, la graine). Il en est de même avec les produits animaux (viande, lait, œufs). Pour la viande, c'est un moyen de comprendre les différences et similitudes entre des types de viande d'une même espèce (veau et bœuf, agneau et mouton).
- La comparaison du fonctionnement des plantes et des animaux permet une meilleure représentation de l'évolution des espèces, avec un anthropocentrisme et un zoocentrisme bien moins présent, quand nous admettons les similitudes de métabolisme des végétaux et des animaux. Ainsi, les discours sur le statut de l'animal ou de l'arbre dans la société peuvent-ils être refondés sur la réalité biologique.
- La description des modes de reproduction des espèces, en particulier des plantes, qui possèdent des moyens de reproduction très diversifiés : reproduction sexuée, diverses voies de reproduction asexuée par la multiplication végétative (bouturage, marcottage, clônage…), contribue efficacement à une réelle compréhension du phénomène de la reproduction et des enjeux des divers modes de reproduction. L'exemple des plantes peut ainsi permettre d'aborder les problèmes actuels de l'éthique, dans le développement des connaissances de la reproduction et de la sélection des espèces animales et de l'espèce humaine.

• La mise en situation face à la mort d'êtres vivants, en particulier d'animaux, est aussi un moyen de faire évoluer la représentation de la mort dans notre société, où nous tendons à cacher ce processus pourtant naturel. A preuve, dans les sociétés agricoles, la mort des proches est beaucoup mieux acceptée que dans les villes, parce que les paysans y sont habitués à voir mourir leurs animaux, d'où une acceptation plus grande de la fatalité de la mort, en tant que stade ultime du cycle de la vie.

2 – Comprendre les relations au sein du vivant et entre les êtres vivants

Les phénomènes vivants sont caractérisés par un très haut degré de complexité d'organisation de la matière, du fait de leurs mécanismes de régulation extrêmement sophistiqués. Ces mécanismes de régulation s'accomplissent autant au sein de chaque organisme vivant qu'entre les êtres vivants d'un même milieu.

L'activité agricole, elle, doit en permanence prendre en compte ces mécanismes. Elle est donc un observatoire privilégié du fonctionnement d'un être vivant et d'une population d'êtres vivants.

Quelques exemples peuvent également en être proposés, dans un but de compréhension des phénomènes vitaux.

• La description de la chaîne alimentaire permet de mettre en évidence le rôle des plantes dans la production de la matière organique, grâce à la photosynthèse, en regard du rôle des animaux selon leur mode d'alimentation. Au sein d'une exploitation agricole d'élevage, l'herbe des pâturages alimente l'animal, qui alimente l'homme. Les plantes se nourrissent d'éléments minéraux, pouvant eux-mêmes provenir des excréments des animaux. Tous les stades de cette chaîne sont très facilement identifiables, et donc mieux compréhensibles.

• L'observation de symptômes de maladies de plantes ou d'animaux, mais aussi de leurs conditions de vie, est un moyen efficace de comprendre les mécanismes qui régissent la santé des êtres vivants. Les notions de parasitisme, de rusticité, de prophylaxie et de thérapie peuvent être expliquées clairement, à partir d'exemples de plantes ou d'animaux. L'éducation à la santé, en utilisant le support des activités agricoles, s'appuie alors sur des cas concrets.

- De nombreux produits agricoles sont le résultat de relations très particulières entre les êtres vivants, ce qui peut être une base de compréhension des relations sociales. Là encore, l'activité agricole est le cadre idéal d'observations sociologiques. Les relations de compétition (concurrence pour la lumière, l'eau ou les éléments minéraux de plantes voisines), de coopération (fécondation des fleurs de plantes, grâce aux insectes pollinisateurs), et de synergie (développement de champignons, comme la truffe, en présence de certains arbres) existent chez les êtres vivants autres que l'être humain. L'observation de cette réalité favorise la prise de conscience que ces phénomènes naturels sont variables selon les espèces, et dépendantes des conditions de vie. Les relations sociales peuvent alors résulter d'un apprentissage culturel, où le choix des conditions de vie permet le choix de relations.

II - Apprendre à manger bon et sain

Que le fait de se nourrir soit un acte culturel, l'éducation l'a trop oublié pendant ces dernières décennies. Tout le monde reconnaît aujourd'hui la nécessité d'apprendre aux enfants à la fois l'hygiène alimentaire et les plaisirs de la table. La qualité alimentaire est maintenant revendiquée, mais les critères de la qualité sont nombreux et souvent contradictoires. C'est le sens critique qu'il importe là de développer, pour que le futur citoyen fasse ses choix alimentaires en toute connaissance de cause.

1 – Maîtriser l'hygiène alimentaire

La santé, préoccupation sociétale qui ne cesse de croître avec le développement, est devenue, en quelques années, un des critères essentiels de la qualité alimentaire. Le thème de la sécurité alimentaire est le plus médiatique des thèmes agricoles.

Si de bonnes raisons sont à l'origine de cette préoccupation (maladie de la *vache folle*, risques des OGM...), il n'en est pas moins vrai que la plupart des consommateurs font un total amalgame entre la qualité sanitaire des aliments et leur valeur alimentaire. Si l'on ajoute à cela que la diététique est également un des facteurs d'hygiène alimentaire, une autre confusion existe dans les risques pathogènes d'un aliment, par contamination microbienne ou déséquilibre alimentaire.
Aussi, apprendre à manger sain est-il à classer parmi les véritables enjeux de société, surtout dans un pays comme la France, où la diversité des aliments peut être remise en cause par la mise en place de normes d'hygiène alimentaire abusivement restrictives, fondées sur le seul critère de la quantité d'un micro-organisme reconnu pathogène.

A - Apprendre l'écologie des microbes

Le premier sens du mot microbe renvoie à tout organisme unicellulaire invisible à l'œil nu et dont la vie est courte. Mais c'est le sens de micro-organisme pathogène qui est devenu le plus courant, et qui fausse toute notre représentation des micro-organismes. Pourtant, la réalité des phénomènes vivants distingue bien :

- Les micro-organismes pathogènes, qui entraînent une maladie chez les plantes, les animaux ou les humains, lorsque leur nombre dépasse un certain seuil dans l'organisme. Ce sont les micro-organismes nuisibles. Mais leur nuisibilité n'intervient que lorsque ceux-ci dépassent un certain seuil de développement. En deçà de ce seuil, ces micro-organismes, communément appelés *microbes*, ne présentent aucun danger pour l'organisme les abritant. Au contraire, leur présence en petit nombre permet à l'organisme hôte de développer une immunité face aux agressions parasitaires.
- Les micro-organismes utiles, qui interviennent dans certains phénomènes biologiques. C'est le cas des constituants des flores gastrique et intestinale des mammifères, permettant la digestion de nombreux aliments, ou des levures que l'homme a su utiliser pour la

conservation et la transformation de nombreux produits agricoles (charcuterie, pain, fromage, vin, choucroute...).

Construire des représentations mentales objectives sur les micro-organismes apparaît donc une des priorités dans l'éducation à l'alimentation. Certains cas concrets de l'activité agricole sont en ce domaine de très bons supports pédagogiques.

- L'évolution de la flore dans la transformation d'un fromage au lait cru

  L'évolution de la flore du lait peut être décrite aux différents stades de la transformation en fromage, et elle peut permettre de comprendre le rôle de certains micro-organismes dans la transformation. Dans le même temps, cette évolution peut être comparée à l'évolution de la flore en conditions défavorables de transformation, pouvant amener la prolifération d'agents microbiens pathogènes, comme la Listeria. A partir de là, l'apprenant peut mieux comprendre que la toxicité des microbes n'est pas systématique, et que leur maîtrise est préférable à leur suppression totale.

- L'observation des fermentations, dans la transformation des produits et dans leur conservation

  Les fermentations, de type lactique ou de type alcoolique, sont beaucoup utilisées dans la production d'aliments. Leur observation permet de comprendre l'importance des phénomènes biologiques dans l'alimentation. Par exemple, la dégustation du jus de raisin, puis des différents stades de fermentation qui aboutissent au vin, permettent de réaliser l'importance de cette flore dans l'alimentation. Mais ces fermentations peuvent aussi être à l'origine de la dégradation d'autres aliments, en particulier les produits frais. L'observation des dégradations permet ainsi de mettre en évidence la fragilité de certains aliments, et donc certaines difficultés de l'activité agricole. Dans cet exemple, l'apprenant peut mieux concevoir le caractère vivant de l'aliment, l'importance des conditions de transformation et de conservation, et les contraintes de l'activité agricole, différentes de celles existantes dans l'activité industrielle.

B - Comprendre les équilibres diététiques

Notre croissance et notre développement nécessitent que notre alimentation fournisse tous les éléments nutritifs indispensables. Ces éléments, que nous appellons les nutriments, sont regroupés en glucides (les sucres), lipides (les graisses), protides (les protéines). On y ajoute les sels minéraux et les vitamines. Et il ne faut pas oublier l'eau, principal constituant du corps humain (plus de 65 % du poids d'un individu). Selon les stades de croissance et de développement, les besoins en quantité et en qualité de ces différents nutriments sont variables, et l'apport alimentaire doit donc, au fur et à mesure, satisfaire au mieux les besoins. Compte tenu de la variété de la composition des aliments en ces différents nutriments, il faut donc connaître les apports de chaque aliment pour composer des repas permettant les apports journaliers nécessaires. C'est le rôle de la diététique.
De très grands progrès ont été faits pour améliorer la correspondance entre les besoins et les apports. L'augmentation de la diversité des aliments, jointe à la sécurité d'approvisionnement, a éliminé la sous-nutrition en Europe.
Par contre, la malnutrition existe toujours, et elle a même tendance à s'accroître, en particulier du fait d'un excès d'apports en glucides et en lipides. L'obésité, l'excès de cholestérol et les maladies cardio-vasculaires sont les principales maladies liées à la malnutrition.
Et parce que nous vivons une ère d'abondance, la connaissance de la composition des différents aliments et de leur association pour une ration journalière équilibrée apparaît aujourd'hui un apprentissage d'une impérieuse nécessité.
Partir des produits issus de l'agriculture est une entrée pour une distinction correcte entre produits de base, en particulier les produits frais, et produits transformés. Il est ainsi possible de comprendre que la transformation des produits peut apporter d'autres éléments que les nutriments, en particulier les additifs alimentaires.
Certaines activités d'apprentissage peuvent être mises en place dans une ferme pour la compréhension des équilibres alimentaires.

- L'observation d'un légume frais, à plusieurs stades : au champ, un jour après la récolte, une semaine après la récolte, à comparer avec l'analyse chimique du produit (eau, vitamines...). Cela permet de voir l'évolution de l'aspect et de la composition du produit (en particulier la teneur en vitamines).

• L'observation d'un fruit frais à plusieurs stades de maturité, à mettre en comparaison avec l'analyse chimique (en particulier le taux de sucre) et son goût.

• La comparaison d'analyses chimiques de légumes issus de l'agriculture conventionnelle, de l'agriculture raisonnée et de l'agriculture biologique, afin de montrer l'influence du mode de culture sur la composition des produits agricoles.

• L'observation d'animaux ayant reçu des régimes alimentaires différents. On peut ainsi facilement saisir la relation entre l'alimentation et l'engraissement (chez les bovins) ou entre l'alimentation et la composition de la viande (viande de veau de lait et viande de veau nourri au foin).

• La comparaison entre une charcuterie fermière sans additif et une charcuterie industrielle avec additif. Deux exemples d'additifs, les polyphosphates dans le jambon et le sel nitrité dans la rillette, peuvent illustrer deux critères importants de la qualité des aliments : la durée de conservation augmentée par les conservateurs (mais ces produits sont considérés par certains spécialistes comme dangereux pour la santé à long terme) et la *naturalité* du produit (débat autour de la qualité des produits sans additif de synthèse).

2 – Apprécier les plaisirs de la table

Au pays de Rabelais et de la gastronomie, l'importance attachée actuellement à l'hygiène alimentaire a, hélas, tendance à masquer la nécessité d'une forte relation culturelle avec la nourriture.

L'aliment est un élément vital du patrimoine d'une société, et ce d'autant plus que sont valorisés les savoir-faire locaux, liés à la production et la transformation des produits agricoles, ainsi qu'à l'art culinaire.

Tout citoyen doit donc posséder la culture de ses aliments et de son mode d'alimentation, c'est-à-dire avoir la capacité de connaître ce qu'il mange, et de le reconnaître par la dégustation.

A - Connaître nos aliments

Combien de *mangeurs* savent-ils comment sont fabriqués le chocolat, le beurre ou les corn-flakes ? Et est-ce que beaucoup d'entre nous connaissent l'origine d'un pack de lait ou d'un steak haché ? Combien de jeunes consommateurs peuvent-ils faire correspondre une entrecôte, un faux-filet, une bavette d'aloyau ou un steack haché à une partie du corps d'une vache ? La traçabilité des produits alimentaires, revendiquée par les consommateurs, est un formidable outil pour développer la connaissance des consommateurs, tant dans l'origine des produits que dans leur mode de fabrication. Il faut donc profiter de cette demande pour que l'agriculture transforme cette contrainte de contrôle de l'origine d'un produit en un puissant facteur d'acculturation des consommateurs en matière alimentaire.

De plus en plus d'exploitations agricoles diversifient leurs activités par la transformation et l'accueil, et elles peuvent donc contribuer à relancer et développer cette culture de l'aliment.

- Dans une exploitation qui transforme ses produits, que ce soit le lait, la viande, les fruits ou le raisin, l'outil de transformation reprend le même process que l'industrie, et l'observation est plus facile que dans une usine, parce que les matériels y sont en taille réduite. Par ailleurs, alors que, dans une usine, on ne peut voir que la transformation de matières premières en provenance de l'extérieur, il est possible, dans une ferme, de décrire l'ensemble des phases de production et de transformation.
- Dans une exploitation d'élevage, l'observation des différentes parties d'un animal, la correspondance avec des qualités différentes de viande (chez le bœuf, par exemple) ou des produits transformés (charcuterie, pour le porc), et la dégustation peut permettre au *mangeur* de mieux différencier les qualités (tendreté, goût, texture…) entre des viandes ou entre des charcuteries.

• Dans une exploitation viticole, il est facile de mettre en place des itinéraires de découverte d'un lien entre des parcelles de culture et des qualités de vins. L'effet terroir est en effet très visible dans la production viti-vinicole. Cela peut aussi être expérimenté dans des régions d'élevage, où la transformation fermière est importante. Mais c'est alors un réseau d'exploitations qui peut démontrer ce lien entre un sol, un lait et un fromage.

La diversité des productions agricoles et la grande complexité des processus de production et de transformation, ouvrent des possibilités très nombreuses aux agriculteurs qui souhaitent s'engager dans cette voie de l'apprentissage de l'alimentation. Certaines filières de production l'ont très bien développée, comme la filière viticole et la filière laitière. Dans la filière viticole, les viticulteurs interviennent personnellement au cours de cet apprentissage, en étant pour beaucoup au contact direct des consommateurs, qui sont aussi leurs clients. Dans la filière des produits laitiers, c'est plutôt l'industrie qui joue ce rôle.

Cependant, s'il est souhaitable que les agriculteurs eux-mêmes puissent mobiliser de nouveaux moyens pour s'engager dans ce nouveau rôle de vulgarisateurs de leurs manières de produire, ils doivent aussi être assistés des différentes structures de recherche, de formation et de développement agricole, car le travail à faire auprès des consommateurs égarés s'avère aujourd'hui gigantesque.

B - Déguster les aliments

Quoi de plus étonnant, voire de plus fascinant pour les *barbares* étrangers, que de découvrir des rites d'initiation dont font l'objet certaines de nos pratiques de bouche ? Des mystères auxquels seuls accèdent quelques pays ou foyers de très ancienne tradition…

La capacité à connaître les aliments doit être intimement liée à celle de la reconnaissance de l'aliment. Cette reconnaissance revêt deux aspects :

- La mise en mots des qualités d'un produit qui permet ensuite de le nommer. A partir de là, le consommateur fait le lien avec les connaissances qu'il a du produit (origine et mode de production).

- L'appréciation du produit, par le fait que son goût fait partie des références du *mangeur*. La consommation de ce produit procure alors un véritable plaisir.

Mais ces deux conditions ne peuvent être réunies que si une éducation au goût du consommateur a eu lieu. Là encore, cette éducation, qu'en période de perte de valeurs on a vite fait de négliger, puis d'oublier, est fondamentale, car le choix de la nourriture répond à différents besoins, certains contradictoires :

- Le besoin de sécurité, qui engendre une certaine peur de la nouveauté.
- Le besoin de diversité, qui engendre le goût de l'exploration alimentaire et du changement.
- Le besoin d'identité, qui fait que les groupes sociaux aiment partager certains produits et certains mets.

Les études les plus récentes[1] montrent que, à la question *quel genre de cuisine mange-t-on chez vous ?*, quatre personnes sur dix répondent en termes d'identité, trois sur dix en termes culinaires, et 14% seulement en termes nutritionnels. La santé n'est donc pas le seul horizon de l'alimentation, et il est donc primordial de transmettre aux enfants, non seulement les connaissances, mais aussi les valeurs dont l'alimentation est porteuse.

Le succès actuel des produits de terroir peut facilement s'expliquer par le fait qu'ils satisfont les différents besoins exprimés par les consommateurs. La forte identité des produits, leur authenticité et leur grande variété, véhiculent pour le consommateur les valeurs patrimoniales qu'il recherche.

Ces règles de la civilisation impliquent aussi qu'au delà du goût des produits alimentaires, ce soient l'ensemble des plaisirs de la table dans leur ensemble qu'il importe de déguster, car partager un repas entre amis est une pratique sociale en plein essor (Selon Jean Viard[2], le nombre de dîners chez les amis en semaine a augmenté à Paris de 60% en dix ans). Ainsi, préparer un repas, dresser une table, accueillir, servir à table, commenter les plats en racontant des histoires, sont autant de pratiques de convivialité autour de notre alimentation, qui doivent

[1] Jean-Pierre Poulain, *Manger aujourd'hui*, Éditions Privat, 2002.

[2] Jean Viard, *Penser la terre dans la France d'aujourd'hui*, Séance introductive de la 2ème édition des Entretiens du Pradel, septembre 2002

absolument être acquises par les nouvelles générations, sous peine de disparition.
Et l'agriculture ne peut que participer à cette éducation. D'une part, les agriculteurs ont conservé des valeurs de convivialité et de tradition (au sens premier du terme, c'est-à-dire transmission de savoirs et de savoir-faire). Ils sont souvent encore les détenteurs de nombreuses recettes traditionnelles, ils sont ceux qui connaissent le mieux les caractéristiques des produits, parce qu'ils savent justement comment ils ont été produits. Enfin, ils peuvent en parler, tant sur le plan gustatif, en usant de mots (souvent vernaculaires), définissant les saveurs, que sur le plan symbolique, en racontant les histoires populaires locales, anciennes ou actuelles, se rapportant au produit. D'autre part, un certain nombre d'entre eux ont développé des compétences d'accueil. Les fermes pédagogiques, encore peu nombreuses, et les fermes-auberges, sont des lieux où se conjuguent, comme en sorte de transcendance, le plaisir de manger et le plaisir d'apprendre.

III - Apprendre le respect de l'environnement

L'activité agricole s'exerce à la fois dans le milieu naturel et dans un contexte de société rurale. Elle est donc un formidable support pour aborder tous les problèmes environnementaux qui se posent aujourd'hui dans notre société : la protection des ressources naturelles, le maintien de la biodiversité, la recherche d'énergies renouvelables, la gestion des déchets d'activité humaine…
Malheureusement, les agriculteurs sont encore totalement absents de l'éducation à l'environnement, au profit des associations écologistes ou des organismes de sensibilisation à l'environnement comme les CPIE (Centres Permanents d'Initiation à l'Environnement). Pourtant, les agriculteurs ont un point de vue à transmettre dans cette éducation, et il est urgent qu'ils s'investissent dans cette mission, car il en va de leur reconnaissance dans une société européenne où la culture environnementaliste se généralise.

1 - Discerner les activités qui protègent la nature

Le premier rôle des agriculteurs est d'aider leurs concitoyens à se construire une représentation du concept de nature en tant que nature cultivée. Chacun sait qu'il n'existe pratiquement plus dans le monde de territoires où l'homme n'a pas agi. Les agriculteurs ont colonisé toutes les terres émergées, et ont modifié l'état de nature. Ce que l'on appelle nature aujourd'hui est donc un milieu où de nouveaux équilibres se sont installés, par une activité passée et présente. Il n'y a pas de vérité absolue, tant sur l'état de nature que sur les équilibres à maintenir, car tout dépend de ce qu'une société appelle nature, et des besoins qu'elle doit satisfaire à partir des ressources naturelles. Nous avons décrit, dans le premier chapitre, les façons qu'ont eues les hommes, depuis le Néolithique, d'utiliser la nature à des fins d'agriculture. La nature sauvage a été progressivement domestiquée, d'abord par l'agriculture, puis par l'industrie de l'énergie. Ce n'est que depuis deux siècles, d'abord avec l'urbanisation, puis par la dilapidation des énergies fossiles et les nombreuses pollutions engendrées par toutes les activités humaines, que la conscience écologique s'est développée en Occident, et désormais dans le monde entier. Cette conscience écologique se traduit différemment selon les groupes sociaux, mais la demande de retour à la nature sauvage, première, n'est le fait que d'une minorité. La perspective de développement durable, qui devient désormais la finalité partagée des populations et des gouvernants, permet de construire une représentation de la nature comme nature habitée, cultivée, dont les ressources doivent être protégées et les équilibres écologiques maintenus. La protection des ressources naturelles est nécessaire pour que les générations futures puissent en bénéficier autant que notre génération actuelle. Le maintien des équilibres écologiques est indispensable, si l'on veut que la vie sur la planète reste simplement possible dans les siècles à venir.

A - Protéger les ressources naturelles

Dans l'entretien de l'espace rural, les agriculteurs ont à protéger le sol, l'eau et l'air. Nous avons abordé, dans le troisième chapitre, les moyens à mettre en œuvre pour cette protection.
Au sein d'une exploitation agricole, il est donc possible d'observer, d'une part, les éléments naturels, afin d'en comprendre les cycles, et d'autre part, les moyens nécessaires pour leur préservation. Nous pouvons même affirmer qu'elle est le lieu idéal pour l'apprentissage de la protection des ressources naturelles.

- L'écosystème-parcelle cultivée présente deux avantages pour l'étude des éléments naturels : c'est un écosystème simplifié, par le fait que les populations végétales et animales sont réduites dans un sol cultivé, et les flux de matières et de populations sont donc plus faciles à appréhender ; les recherches agronomiques ont produit des modèles du fonctionnement des écosystèmes, et adaptables donc pour faciliter l'apprentissage.
- Une exploitation agricole est une unité économique et sociale sur un territoire rural, avec des relations entre les acteurs (collectivités territoriales, partenaires socio-économiques) beaucoup plus visibles qu'en ville, tout en ayant la même organisation.

Par suite, de nombreux apprentissages sont à envisager sur ce type d'exploitation.

- L'observation du profil cultural d'un sol, c'est-à-dire sa profondeur labourée, permet de comprendre l'activité physique, chimique et biologique au sein d'un sol, et d'appréhender les notions de fertilité et de sol-milieu vivant. La méthode agronomique d'analyse du profil cultural autorise un très grand nombre d'observations. On peut expliquer les nombreux liens entre les caractéristiques naturelles du milieu, les pratiques de l'agriculteur, et les conséquences de ces pratiques. Par exemple, en cas d'érosion du sol, l'explication peut venir d'une sensibilité naturelle du sol (du fait de la pente et de la pauvreté en argile et/ou en humus) et/ou de pratiques agressives de l'agriculteur (non-renouvellement de la matière organique, utilisation abusive de matériels facilitant la déstructuration…).

• L'observation du profil pédologique d'un sol, c'est-à-dire sa profondeur jusqu'à la roche-mère, fait découvrir la façon dont se crée et évolue un sol, en fonction des caractéristiques naturelles et de la façon dont l'homme l'exploite. Par exemple, en comparant un profil dans un sol de jardin et dans un sol à céréales, il pourra facilement être mis en évidence le rôle de l'homme dans l'évolution du sol, le sol de jardin étant beaucoup plus artificiel (car beaucoup plus enrichi en matières organiques) qu'un sol de grande culture. Cela pourra d'ailleurs permettre de changer les représentations de beaucoup de personnes croyant que la culture de jardin est beaucoup plus naturelle.

• La découverte de la circulation de l'eau au sein d'un bassin versant, d'une parcelle de culture située en sommet de colline jusqu'au ruisseau collecteur, est aujourd'hui possible grâce aux travaux de recherche agronomique, qui ont modélisé la circulation de l'eau dans certains bassins versants où des problèmes de pollution sont apparus. Cette observation pouvant servir à comprendre le cycle de l'eau et expliquer les effets polluants des pratiques agricoles (excès de nitrates, de phosphates et de pesticides), mais aussi humaines (rejets des effluents sans traitement).

• La reconstitution du réseau d'approvisionnement et d'assainissement au sein de la commune, à partir de l'unité domestique que constitue l'exploitation agricole, fait découvrir la gestion de la ressource en eau. Celle-ci aide à appréhender l'évolution du mode d'alimentation en eau au cours du temps, depuis l'approvisionnement par une source ou un puits, jusqu'à l'approvisionnement par un réseau collectif, désormais le plus courant. Quant à l'assainissement, l'observation en milieu rural amène à comparer les systèmes d'épuration individuels et les systèmes collectifs (station d'épuration).

• Le calcul des rejets de gaz carbonique par l'activité agricole (par les animaux ruminants et par les équipements matériels) et des absorptions de CO^2 du fait de la photosynthèse des plantes cultivées, est un moyen pédagogique de déterminer l'influence des activités humaines sur l'effet de serre.

- Le bilan énergétique d'une exploitation agricole permet de mesurer l'autonomie d'une entreprise face aux énergies fossiles, et d'aborder le débat sur les économies d'énergie et les énergies renouvelables.

Au-delà de ces quelques exemples, il existe de très nombreuses possibilités pour découvrir, à partir de l'activité agricole, les différents mécanismes naturels et actions humaines contribuant à une préservation des ressources naturelles que sont le sol (et le sous-sol), l'eau et l'air.

B - Maintenir les équilibres écologiques

Rappelons qu'en écologie, un équilibre n'existe pas de manière fixe. Cet équilibre est dynamique et la répartition des populations et des flux de matières et d'énergie évolue en permanence. Par contre, de nombreux mécanismes de régulation permettent une certaine stabilité, donnant une apparence de non-changement à l'écosystème. Les agriculteurs gèrent en permanence ces équilibres dynamiques dans leurs parcelles et sur le territoire, en particulier dans la lutte raisonnée contre les ennemis des cultures. Il est donc bon qu'ils puissent expliquer ce que sont ces équilibres écologiques. En effet, deux conceptions erronées sont à corriger. La première, beaucoup de gens croient que l'agriculture a rompu les équilibres écologiques, parce qu'ils pensent que la forêt et la prairie sont les seuls couverts végétaux en équilibre. La seconde, peu de personnes admettent que les conditions naturelles, en particulier climatiques, provoquent certains accidents écologiques (épidémies, disparition d'espèces...), que l'homme, et en particulier l'agriculteur, corrige par des actions de régulation externe. Évidemment, l'agriculteur a aussi contribué à certains déséquilibres, en utilisant des techniques agressives pour l'environnement (pesticides très toxiques, arrachage des haies...). Mais la perspective de l'agriculture durable replace l'agriculteur en partenaire de la nature, et non plus en exploiteur. Même si celui-ci doit garder le souci de la rentabilité économique, qui l'oblige à orienter le fonctionnement

écologique à l'avantage du rendement de ses cultures, il le fait dans le respect des équilibres écologiques.
Le meilleur exemple d'observation des équilibres écologiques au sein d'une exploitation agricole concerne la régulation des flux de populations. Le principe de la lutte intégrée contre les ennemis des cultures illustre à merveille cette thématique. Dans une culture, par exemple un verger de pommiers, des insectes parasites de cette culture peuvent détruire toute la récolte. Mais, grâce à la présence d'insectes auxiliaires qui se nourrissent du parasite du pommier, que l'agriculteur protège en plantant des haies-refuges aux abords du verger, l'agriculteur n'aura pas besoin d'utiliser systématiquement un traitement chimique. Ainsi, il est possible d'observer, par des pièges, l'augmentation de la population du parasite et l'augmentation de la population de l'auxiliaire. En cas de difficulté de l'auxiliaire, l'agriculteur devra alors intervenir avec un produit chimique. Cette observation des flux de deux populations d'insectes appariées sur le plan alimentaire permet de comprendre comment l'équilibre écologique varie, et comment il doit être régulé en agriculture.
Le thème de la biodiversité fournit un autre exemple de connaissance qui peut se construire à partir de l'activité agricole. D'un côté, l'agriculture a fortement diminué la biodiversité au sein des parcelles de culture, afin d'éviter la concurrence des autres espèces végétales ou animales avec la plante cultivée. C'est une nécessité pour l'agriculture, et cela ne signifie pas qu'il n'y a plus d'équilibre écologique. L'équilibre s'est déplacé, et l'agriculteur l'entretient par ses pratiques. En effet, il y a déséquilibre sitôt qu'il y a pollution de l'environnement. En cas d'arrêt d'activité agricole, l'équilibre se déplace à nouveau vers un retour à une situation qui se rapproche de l'état naturel (friche, puis forêt). De l'autre côté, l'agriculteur participe à la biodiversité, par l'entretien des paysages, qui évite à des espèces de disparaître sous le couvert de quelques espèces forestières. L'agriculteur peut ainsi montrer comment ses pratiques favorisent ou défavorisent la biodiversité végétale et animale.

2 – Apprendre à gérer des phénomènes complexes

L'éducation à l'environnement aborde de nombreux aspects de la vie économique et sociale, et elle doit intervenir fondamentalement dans l'éducation citoyenne. Outre la préservation de la nature, l'éducation à l'environnement concerne autant l'acquisition de connaissances que la transmission de valeurs et d'attitudes favorables à un développement durable de la société globale.
Le maintien du potentiel de l'activité humaine dans le futur n'étant possible que si des problèmes actuels comme la gestion des déchets, la gestion de l'eau ou le choix et la consommation d'énergie sont réglés, il est nécessaire que chaque citoyen prenne conscience des enjeux et maîtrise les moyens d'une action respectueuse de l'environnement.
Compte tenu de la complexité du fonctionnement de la société moderne, il est souvent très difficile de saisir ces enjeux et d'appréhender les moyens pour gérer des ressources ou des rejets dans un souci de développement durable. Comme nous l'avons dit, le milieu rural, qui possède la même organisation que la ville, avec des acteurs moins nombreux et des structures plus aisées à observer, est un bien meilleur champ d'observation que celle-ci. Quelques exemples d'apprentissages de phénomènes complexes à la campagne peuvent illustrer notre propos.

- La gestion des déchets

En ville, l'habitant dépose ses déchets dans des poubelles et ignore ce qu'ils deviennent. Comment peut-il, dans ce cas, avoir conscience du problème de leur élimination, de la nécessité du recyclage, et du besoin de réduire ses propres déchets ? La gestion des déchets en ville est difficile à observer, car le ramassage des poubelles se fait la nuit, les lieux de recyclage sont très éloignés, la destruction s'opère dans de gigantesques usines fermées au public, et la gestion est assurée par des organismes regroupant plusieurs communes, et donc peu identifiables par les citoyens. A la campagne, il est plus aisé de comprendre la gestion des déchets, en suivant leur circulation à partir d'une ferme, par exemple. Il est possible de visiter successivement en une journée une décharge pour les déchets inertes, une déchetterie pour le tri des gros déchets et des déchets recyclables, une aire de compostage pour les déchets organiques, et une usine d'incinération. Davantage, en rencontrant par la suite la personne qui gère les ordures ménagères pour une collectivité de communes rurales, il est encore possible d'appréhender globalement les enjeux liés aux déchets et les moyens à mettre en œuvre pour améliorer, sur le plan individuel et sur le plan collectif, cette gestion des déchets.

• La gestion de l'eau

Les réseaux d'alimentation en eau et les réseaux d'assainissement sont devenus extrêmement complexes. Afin de cerner les enjeux de la gestion de l'eau, il est important de partir de situations concrètes. Là encore, dans le milieu rural, il est plus facile de remonter à la source d'approvisionnement (captage en rivière ou source) à partir d'un lieu de consommation. De même, pour l'assainissement, le fonctionnement d'une station d'épuration dans une petite commune rurale suit les mêmes principes qu'une grosse station de ville, mais il est plus aisé d'en modéliser le fonctionnement. Le domaine de la gestion de l'eau est également un bon support pour un autre apprentissage citoyen : la gestion des conflits d'usage. En effet, les usages multiples de l'eau obligent l'autorité publique à prendre parfois des arrêtés limitant l'utilisation de la ressource, sans que l'information et la décision soient parfaitement partagées. Deux exemples intéressants peuvent se prêter à un tel apprentissage : une zone de culture se situant sur une nappe phréatique servant de lieu de captage de l'eau d'alimentation de la ville voisine ; une zone de culture irriguée en période de sécheresse. A partir de ces situations, un jeu de rôles où tous les acteurs sont représentés (consommateurs, agriculteurs, associations de protection de la nature, représentants professionnels, élus, représentants de l'État...) montre la complexité de gestion de telles situations et la nécessité de trouver un compromis, lequel prend en compte tous les enjeux.

• Le choix et la consommation d'énergie

Afin de comprendre les enjeux de l'énergie et les moyens d'action pour un développement durable, l'exemple du chauffage individuel en milieu rural est intéressant, parce que toutes les sources d'énergie peuvent être étudiées, et parce que la maison individuelle réclame un raisonnement global. Pour le choix de la source d'énergie, il semble tout indiqué d'étudier les avantages et inconvénients de chaque source d'énergie, et en particulier les différentes énergies renouvelables (bois, méthane, géothermie, chauffage solaire, énergie éolienne...). Quant à la consommation d'énergie, le raisonnement peut porter sur l'ensemble des paramètres permettant l'économie d'énergie, des choix de conception de maison (matériaux de construction, isolation...) aux comportements de l'habitant (température d'ambiance, régulation...).

Un tel apprentissage de phénomènes complexes nous paraît d'autant plus important qu'il génère des représentations mentales transférables dans de nombreuses situations de vie et d'action. A partir de ces quelques exemples d'apprentissage se met en place en effet, pour reprendre la formule de Jacques Ellul, le *penser global, agir local*, étant donné qu'apprendre à partir de situations concrètes facilite la compréhension, mais aussi le réinvestissement des connaissances acquises dans sa propre action. Un citadin qui a compris le cheminement des déchets ou de l'eau en zone rurale, saura transférer ses connaissances dans ses actions, parce qu'il aura en tête un modèle mental où origine et destination des déchets sont connues. Même si le cheminement est plus complexe, il sait où se situer dans la chaîne, et adaptera son action pour être un citoyen respectueux et respectable.

Enfin, ces apprentissages en milieu rural parachèvent la représentation du temps et de l'espace, notions essentielles de la vie, quelque peu abstraites en ville. Les échelles de territoire et de durée sont beaucoup plus concentrées en ville, alors que la gestion de phénomènes complexes se déploie dans le temps et l'espace. D'autres exemples, comme la gestion d'accidents climatiques (inondations atténuées par les réseaux de fossés et de haies de campagne), le recyclage des déchets urbains (boues d'épuration épandues sur les sols agricoles) ou la construction d'un paysage rural, montrent la nécessité de prendre en compte les différentes échelles spatio-temporelles.

IV - Apprendre à apprécier le beau

Ni l'activité agricole, ni la campagne ne sont généralement considérés comme des cadres acceptables d'apprentissage de l'esthétique. Pourtant, nous avons pu montrer dans le chapitre précédent toutes les dimensions esthétiques de l'activité agricole. Par ailleurs, la campagne et l'activité agricole ont inspiré, et inspirent toujours les différentes disciplines artistiques, en particulier les arts plastiques, avec les différents courants artistiques qui ont utilisé le paysage (L'École de Barbizon...) ou les scènes de la vie rurale (les impressionnistes). Actuellement, de nombreux créateurs de musique, de cinéma ou de théâtre s'inspirent de l'activité agricole et de la campagne dans leurs œuvres. La campagne est certes à la mode, mais elle est aussi le lieu où des formes, des couleurs, des odeurs, des sons et des mots créent des émotions particulières. Il paraît donc essentiel aujourd'hui de favoriser la découverte de l'esthétique agricole et rurale, à travers les productions de l'agriculture : le paysage, évidemment, mais aussi toute autre création agriculturelle.

1 - Lire le paysage

Le paysage est un produit culturel d'un impact si grand que l'apprentissage de la lecture des paysages nous semble une priorité du siècle.

En effet, le paysage est devenu en quelques décennies un bien public dont la valeur n'a cessé d'augmenter. Après le besoin de protection, par la création de réserves et de parcs naturels pour certains paysages remarquables, le regard s'est porté sur tous les paysages, à tel point qu'une loi spécifique a été votée. Cette nécessité de légiférer a résulté de l'ambiguïté entre une demande de conservation des paysages, issue de la tendance à la patrimonialisation des objets ruraux, et une réalité économique, juridique et sociale, où les usagers adaptent leurs pratiques au contexte, avec un autre objectif que la muséification des paysages. Il est donc primordial que chaque citoyen possède un minimum de connaissances sur le paysage, pour participer à la

définition d'une politique paysagère qui évite les conflits d'usage sur le territoire vécu.
Mais, au-delà des connaissances sur la réalité objective inhérente au paysage, en tant qu'espace construit par des pratiques d'agriculteurs, de forestiers et d'urbanistes, le partage de référents culturels pour la dimension esthétique du paysage est un élément susceptible de permettre l'élaboration de projets paysagers, discutés et partagés au sein d'un territoire.
Nous pouvons donc dire que, comme l'apprentissage du goût est nécessaire pour déguster les aliments ou pour apprécier une œuvre d'art, il faut apprendre au citoyen à observer un paysage dans sa réalité subjective, comme dans sa réalité objective.

A - Ressentir le paysage

Nous avons tendance à croire qu'un paysage doit s'apprécier par-delà les mots, comme le font pour un tableau la plupart des gens. Mais ce n'est pas le cas. A titre de comparaison, quand nous écoutons un morceau de musique, nous l'apprécions différemment en concert ou à partir d'un disque chez soi, parce que la mise en scène est autre. Le paysage est un milieu vivant qui paraît stable, mais où tout ne cesse de bouger. De telle sorte que, immergé dans un paysage, chacun éprouve un sentiment : plaisir, bien-être, confort, peur, angoisse, regret, mépris, manque…
Ce sentiment est une vérité individuelle dénuée de valeur objective, mais il n'en reflète pas moins la construction personnelle des représentations sans lesquelles toute nouvelle représentation ne pourra se construire.
L'expression des sentiments que procure un paysage est une étape de lecture du paysage qui a tout son intérêt, car elle fait émerger la part inconsciente des représentations mentales et, par conséquent, le fondement d'une construction.

B - Percevoir le paysage

Au-delà du sentiment ressenti, qui correspond à une image globale, le paysage offre à nos différents sens (vue, odorat, ouïe principalement) des nuances de formes, de couleurs, de mouvements, de vibrations, de sons, d'odeurs, qui permettent une appréciation, certes subjective, mais qui favorisent l'entrée dans les caractéristiques propres au paysage, et la comparaison avec d'autres paysages.

Après le *j'aime* ou *je n'aime pas* de la première étape, les expressions qui peuvent correspondre à cette étape sont *ça me rappelle... , cette couleur, cette forme... , est belle, originale, étrange...*, ou encore : *on dirait tel lieu, telle époque, telle image...* .

C'est bien la preuve que la perception du paysage permet l'expression des représentations et des référents culturels de chacun, et un premier jugement esthétique de ce qui est donné à voir.

C - Observer le paysage

Dans le processus d'apprentissage, c'est la réalité objective qui doit servir de base. Après le premier jugement esthétique résultant de la perception du paysage, l'observation des différentes caractéristiques du paysage, par la description détaillée des formes, des couleurs, et des objets qui le composent, constitue l'étape suivante.

Pour cette description, une double approche, analytique et systémique, est nécessaire. Après avoir choisi le lieu à observer et le point de l'observation, il suffit de découper le lieu en autant d'images élémentaires qu'il y a de zones différentes par la forme, le relief, la couleur, la présence d'objets (maisons, clôtures, rochers, chemins...), à l'instar d'une mosaïque que l'on décomposerait. Après avoir identifié les différents éléments, il faut déterminer quelles relations les unissent, afin de retrouver les trames paysagères qui font système au sein du territoire. Par exemple, le lien maison/clôture/chemin permet d'identifier l'organisation de la propriété privée. De même, la répartition des terres labourées, des prairies, des friches et des bois permet de caractériser le type d'agriculture.

A partir de cette observation descriptive, une nouvelle appréciation de la qualité esthétique peut être faite et, déjà, l'évolution des représentations est fréquente, car il y a eu intégration de données objectives non perçues jusqu'alors.

D - Comprendre le paysage

Non pas *face au* mais *dans le* paysage, le scientifique lui-même, ne saurait s'interdire par moment de recourir au discours métaphysique de ses origines, celui aux termes duquel vide et plein, harmonie et tensions se fondent dans le devenir du Tout.
Le rythme de la pensée doit lier les pensées entre elles et les relier aux choses, choses et pensées n'étant point séparées... nous dit Kostas Axelos[3].
En ce sens, le paysage et son approche, tous deux sont *logos*, c'est-à-dire *lien* éternel et temporel : accord toujours discordant avec l'unité dans la multiplicité.
Évitons donc de parler de la description du paysage qui ferait entrer l'observateur dans le détail de ce que celui-ci donne à voir. Toutefois, cette mosaïque que constitue le paysage forme un ensemble cohérent dont le résultat peut et doit être expliqué. Le paysage est en effet, très concrètement, le résultat des actions des différents usagers de l'espace, tout au long de l'histoire, sans pour autant qu'il y ait eu une volonté paysagère exprimée. Nous avons, dès lors, d'abord à retracer cette évolution du paysage, à travers les marques successives d'une modification des pratiques de ses producteurs (agriculteurs, forestiers, habitants...), elles-mêmes indémêlables de l'organisation sociale de ces derniers.
La compréhension de l'évolution et de l'organisation d'un paysage s'effectue par la modélisation du paysage sous forme de schémas, intégrant différentes dimensions du paysage. Le schéma, par isolement de chaque dimension, rend lisible le paysage. Selon l'objectif fixé à l'observation, le schéma rendra compte de certaines de ses caractéristiques. Pour l'ensemble des citoyens, quelques caractéristiques doivent être intégrées dans les représentations.

- L'évolution du paysage, depuis un siècle, et à venir : en schématisant l'évolution du paysage d'un lieu, chacun comprend l'intérêt d'une politique paysagère, ou d'une absence de politique.

---

[3] Kostas Axelos, *Héraclite et la philosophie*, deuxième partie, chap.I et II, Éditions de Minuit, 1962.

• La répartition de l'habitat : le paysage reflète l'organisation d'un territoire, qui est un lieu social construit. Entre un paysage *mité* par l'habitat, et un paysage où *réserve naturelle* et ville se juxtaposent, le choix dépend de nombreux autres éléments d'analyse. Il n'y a pas de vérité, puisque c'est le sens que la société locale souhaite donner au paysage qui fait vérité. Par contre, il est fondamental que l'ensemble des citoyens participe à la décision du paysage à construire.

• Les fonctions du foncier : l'analyse du paysage met en évidence l'utilisation du territoire : agriculture, forêt, urbanisation, loisirs, industrie... Le fonctionnement socio-économique du territoire est révélé par l'analyse du paysage. Les choix citoyens d'évolution du paysage impliquent donc une évolution du fonctionnement socio-économique.

La modélisation du paysage enrichit considérablement les représentations des citoyens, et modifie forcément dans cette mesure leur appréciation du paysage sur le plan esthétique.

Les différentes étapes de lecture d'un paysage correspondent donc plutôt à l'analyse méthodique d'une œuvre artistique. Cela met bien en évidence la dimension esthétique du paysage, qui est, ne l'oublions pas, tout autour de nous, et par conséquent très structurante de nos représentations. Cette importance esthétique du paysage milite fortement pour une large participation citoyenne à la mise en place d'une politique paysagère au sein de chaque territoire, à partir du moment où les représentations de tous ont un fondement scientifique, basé sur des connaissances objectives.

2 – Découvrir le patrimoine rural

La diversité du patrimoine rural, à la fois matériel et immatériel, telle que nous l'avons décrite dans le précédent chapitre, est une véritable richesse méritant d'être découverte.

Que ce soit le patrimoine bâti, les meubles campagnards, les produits de terroir, des savoir-faire ou des contes, il existe de très nombreuses opportunités, au sein de chaque région, pour sensibiliser le public à la qualité esthétique de ce patrimoine.

Avec le mouvement actuel de patrimonialisation des objets ruraux, cet apprentissage est favorisé par la motivation, tant des

acteurs ruraux pour la mise en scène de ce patrimoine, que des jeunes citadins par leur désir de découvrir la campagne.
Cette découverte de l'esthétique agricole et rurale peut s'effectuer, soit en participant activement à la restauration du patrimoine (par exemple, dans le cas de chantiers de jeunes, de chantiers-écoles, de projets d'action éducative...), soit par la médiation d'un enseignement artistique classique.
Des expériences de plus en plus nombreuses de découvertes du patrimoine local existent au sein des écoles et des collèges, mais elles visent, dans la majorité des cas, le patrimoine bâti. Or, le patrimoine rural doit être abordé dans toutes ses dimensions, et en particulier dans le domaine des savoir-faire et des traditions.
Dans les régions où a été créé un Parc Naturel, une politique éducative de la population a été mise en place et cela représente de très bons exemples. On peut espérer que la mise en place de projets de territoire (communautés de communes, pays...) favorise partout cette politique éducative de connaissance du patrimoine rural.
Dans tous les cas, la sensibilisation sur le patrimoine rural est un facteur essentiel pour la construction de l'identité locale du futur citoyen, tout en ouvrant de multiples horizons, du fait de l'approche pluridisciplinaire nécessaire à la compréhension (éléments historiques, ethnologiques, artistiques, écologiques...).

3 – Interroger la norme

La notion de beau, comme la notion de bon, est subjective et pourtant, il existe une normalisation qui influence l'acte d'achat. C'est, par exemple, le cas de la classification normalisée des légumes et fruits frais. La classification a pour principaux critères la taille et l'aspect extérieur.
Ainsi, le commerce de ces produits valorise beaucoup plus les légumes et les fruits les plus volumineux. Les distributeurs vont même jusqu'à pulvériser les fruits de cire afin que l'aspect extérieur soit le plus attrayant possible.
A l'opposé, depuis quelques années, est apparue une nouvelle gamme, les mini-légumes (la tomate-cerise est le plus populaire), qui rencontre un très grand succès auprès des consommateurs et de la restauration.

Que la norme soit réglementaire, dans le cas des légumes et fruits classiques, ou sociale, dans le cas des mini-légumes, il est souhaitable que l'acte d'achat ne soit pas seulement conditionné par cette norme. Bien sûr, il est nécessaire que des critères objectifs permettent de classer la qualité des produits, mais les critères actuels de classification ne sont pas, objectivement, des signes indiscutables de qualité esthétique. Par exemple, pourquoi une pomme de petite taille serait-elle considérée comme moins belle qu'une grosse pomme ?
L'interrogation de la norme est donc un apprentissage indispensable pour le futur consommateur, afin que ce dernier puisse choisir ses produits en toute conscience de ses goûts, et résister aux effets de mode que peut favoriser le commerce. Pour reprendre l'exemple de la pomme, la norme a évolué sous l'effet des consommateurs, qui préfèrent aujourd'hui une pomme de taille moyenne à une grosse pomme. Enfin, le fait de résister à la norme a d'autres effets indirects positifs. Toujours dans le cas de la pomme, la norme impose au producteur une homogénéité de produits, et l'encourage à des méthodes de culture très intensives, et donc polluantes. S'il vendait tous les calibres aussi facilement, il n'aurait plus cet objectif d'une production homogène et pourrait avoir un mode de production moins intensif, ce qui améliorerait le goût de ces produits, moins gorgés d'eau, et leur conservation.
Nous avons pris le cas des légumes et fruits frais, mais nous aurions pu aussi prendre l'exemple de la viande fraîche.
Cette interrogation de la norme esthétique fait donc partie de l'éducation de base à l'acte d'achat alimentaire.

4 – Participer à la création agriculturelle

L'agriculture est une activité vivante qui innove et crée à tout moment. Participer à la dynamique de création de la nature, qu'accompagne l'agriculteur, peut représenter un véritable apprentissage esthétique. Si l'art des jardins est le domaine de prédilection de cet apprentissage, il n'existe pas moins d'autres possibilités de créations artistiques agriculturelles.

A - Cultiver le jardin

L'horticulture, une des branches de l'agriculture, comprend la culture des légumes, des fruits, des fleurs, et des arbustes et arbres d'ornement. C'est le domaine des jardins, celui qu'au seizième siècle, Jacopo Bonfadio baptisa du nom de *troisième nature*, tenant compte de la *seconde* telle que la concevait Cicéron[4] : [Comment la nature et l'art se combinent dans les jardins de telle sorte que...] *la nature, incorporée à l'art, est rendue créatrice et co-naturelle de l'art, et que des deux réunis est issue une troisième nature (terza natura) que je ne saurai nommer* [5].

Le jardin est un lieu idéal pour découvrir la plupart des apprentissages que nous avons listés tout au long de ce chapitre. Mais il est aussi et surtout le lieu de l'esthétique agricole, où, depuis toujours, l'homme s'est exercé à de multiples expériences de techniques et pratiques culturales (travaux du sol, irrigation, utilisation d'intrants), de création de nouvelles espèces et variétés (sélection, hybridation...), de techniques et pratiques de production (multiplication des plantes, greffage, taille...). L'esthétique y a constamment été un critère essentiel pris en compte par le jardinier, *re-présentant*, selon la formule d'Aristote, et métamorphosant les natures antérieures[6].

Il en ressort que la création de formes, la recherche de mélange et d'harmonie de couleurs, la reproduction de sons ou d'odeurs, la re-création de pratiques liées au jardinage (création d'épouvantails, création d'un réseau de canaux...) sont autant de possibilités conjointes de pénétrer l'activité agricole et de développer une culture artistique.

B - Créer une œuvre agricole

Au-delà des proximités du cœur ouvertes aux artistes par le jardin, tout le territoire et l'activité agricole peuvent être des supports d'apprentissage de création artistique, et ce dans toutes les disciplines.

---

[4] Cicéron, *De natura deorum*, II, 60, 151-2.

[5] Jacopo Bonfadio, *Lettere de Cinquecento*, Turin, 1967.

[6] John Dixon Hunt, *L'art des jardins et son histoire*, Coll. Travaux du Collège de France, Odile Jacob, 1996.

- Les arts plastiques

Peindre un paysage rural, ou photographier des scènes de la vie agricole, sont des modes d'expression qui permettent des réalisations à partir desquelles un enseignement d'esthétique est aisé à mettre en œuvre ; créer une sculpture par association de plantes sur une parcelle, comme cela existe dans les parterres de fleurs, peut affirmer une identité locale, et être support de messages.

- Le cinéma

Apprendre à réaliser un film à partir de l'activité agricole est un moyen d'acquérir une culture audiovisuelle, en même temps que la compréhension de l'agriculture en train de se faire.

- L'écriture

Participer à des ateliers d'écriture dans l'ambiance d'une ferme peut favoriser une expression écrite, où les émotions libèrent la poésie.

- Le spectacle vivant

Toutes créations de spectacles de théâtre, de conte ou de chant, sont autant de moyens d'expression de la créativité de chacun qui peuvent puiser leur inspiration dans le contexte de l'activité agricole.

Pratiquer et apprendre une discipline artistique à la ferme peut apparaître encore étrange, mais c'est un formidable moyen pour l'agriculteur de montrer son activité et de la valoriser auprès de tous les citoyens.

Ce dernier paragraphe montre à quel point, aujourd'hui, agriculture et culture peuvent être au service l'une de l'autre, pour la construction d'une identité citoyenne, et pour la conceptualisation de connaissances objectives sur des idées aussi diverses et fondamentales que la nature, l'aliment sain et bon, la vie, l'environnement ou la beauté.

L'agriculture, pôle de recivilisation, peut et doit occuper une place centrale dans l'éducation des jeunes citoyens d'aujourd'hui et de demain.

VI

La voie agriculturelle : de l'exploitant agricole au payculteur

Faire se rencontrer l'agriculture et la culture, c'est facile ! L'ager a toujours été culturel, n'est-ce pas Olivier de Serres ! Il est du côté de la domus, ce qui ne peut que rendre la rencontre très difficile avec ceux qui plaident pour le patrimoine naturel en ayant une très forte tendance à l'identifier avec le sauvage. La rencontre agriculturelle, il y a beau temps qu'elle existe, c'est le terroir, les AOC, les produits et les savoir-faire locaux (...)
L'invention du mot agriculturel *pourrait vouloir signifier le fait que la culture serait en train d'apprendre à être moins urbano-centrée.*

André Micoud,
Propos conclusifs du Colloque
« *Patrimoines, territoires et création d'activités* »,
Domaine Olivier de Serres, mai 2002.

L'agriculture française et européenne navigue encore en pleine tempête. Après avoir vécu les crises sanitaires de la pollution des nappes phréatiques et de la *vache folle*, elle est toujours confrontée à deux perturbations, qui ne se calmeront que lorsque le choix de politique économique agricole sera parfaitement clair pour les années à venir. D'un côté, les citoyens refusent toujours la technologisation totale de l'agriculture, et le combat anti-OGM reflète ce choix. De l'autre, les représentants professionnels agricoles sont aux abois, inquiets pour l'avenir de leur revenu et de leur professionnalité de producteur, et leur résistance à un changement de politique agricole se justifie dans le contexte actuel.

Toute la réflexion qui a préparé la loi d'orientation agricole de 1999 a eu pour effet de faire avancer le débat, et il en a résulté un projet politique consensuel pour le développement d'une agriculture durable et multifonctionnelle, où la contractualisation entre l'État et l'agriculteur deviendrait l'outil moderne de gestion de cette politique.

Malheureusement, la complexité du système mis en place et sa difficulté d'adaptation dans les zones agricoles très productives, n'ont pas contribué à la compréhension du chemin dans lequel nous nous engagions.

Le renouveau politique, plutôt qu'un changement, opéré aujourd'hui avec le contrat d'agriculture durable, plus simple que le contrat territorial d'exploitation, et la loi sur les territoires ruraux, n'apporte qu'une meilleure lisibilité du projet agricole des prochaines décennies.

Peut-être est-il encore trop tôt pour parler de contrat agriculturel, mais c'est à l'évidence pourtant la voie dans laquelle peut et doit s'engager aujourd'hui l'agriculture française et européenne dans la relation avec ses agriculteurs.

Comme dans les années 1960, où l'objectif clair était de produire plus pour assurer l'autosuffisance alimentaire, et, par conséquent, où la cohérence était totale entre la politique, l'économie et la société, nous disposons actuellement des moyens de construire une telle cohérence, même si l'objectif est dorénavant plus complexe.

Il n'est plus question de produire plus, mais de produire mieux. La qualité remplace la quantité, et les produits agricoles ne sont

plus seulement alimentaires, ce sont à présent aussi des services citoyens.
Les conditions sont réunies : la demande sociale s'exprime suffisamment fortement depuis plusieurs décennies, et la politique l'a enfin prise en compte dans le paquet législatif en cours. Aux décideurs donc maintenant de construire la cohérence entre le politique et l'économique. Par ailleurs, l'agriculture française a la chance de posséder un dispositif de recherche/formation/développement extrêmement efficace, et qui l'a prouvé pendant les trente glorieuses. A celui-ci de produire les connaissances, les références et les métiers pour cette nouvelle orientation agricole.
Enfin, comme dans les années 1960, où l'appellation d' *exploitant agricole* avait remplacé le vieux terme de *paysan* pour affirmer la modernité du nouveau métier, *il semble aujourd'hui que la langue n'ait pas de mot*[1] pour désigner ce nouveau métier de l'agriculture de demain. Aussi proposerons-nous le terme de *payculteur*, que nous justifierons, pour finir cet ouvrage.

I - Pour une économie agricole gérant la complexité du vivant et des produits agriculturels

L'agriculture ne saurait être une activité traitée comme les autres activités industrielles, malgré le succès des biotechnologies, de l'industrie agro-alimentaire et de l'horticulture sous serre et hors-sol, qui nous montre que la chose est technologiquement viable.
Deux bonnes raisons à cela :

- Le citoyen français et européen ne le veut pas, et comme cela est apparu dans les chapitres précédents, tout indique que ce point de vue n'est pas moins scientifique que le point de vue industriel.
- Le territoire a besoin d'une agriculture ménagère autant que d'une agriculture marchande, et le productivisme

---

[1] Bertrand Hervieu, La notion de multifonctionnalité, in *Loi d'orientation agricole, savoirs et qualifications professionnelles*, Éducagri Éditions, 2002.

industriel a clairement montré ses conséquences par la désertification des campagnes.

Le fait est que la logique industrielle reste d'abord une logique économique marchande, et c'est l'opportunité du profit d'argent qui en guide l'action en priorité.

Tandis que la logique agricole est à la fois marchande et ménagère, l'action de l'agriculteur devant satisfaire à la fois le marché (la production alimentaire) et les services publics (l'entretien de l'espace rural).

Cela n'empêche pas beaucoup de chercheurs et de politiques de défendre l'idée que le marché et l'industrialisation sont inéluctables, et sauront répondre aux diverses exigences de la société, à partir du moment où les règles y seront bien établies. Il est vrai qu'il est imaginable que l'entretien de l'espace rural devienne un service marchand, financé par l'impôt, et que des sociétés industrielles assurent cet entretien sous forme contractuelle. Le paysage rural évoluerait alors de manière radicalement différente de ce qui existe actuellement. Il y aurait les zones rurales d'agriculture intensive, où se trouvent les sols les plus fertiles, et les zones rurales de loisirs, en montagne et en zone péri-urbaine. Mais qu'adviendrait-il alors de la diversité agriculturelle ? Une telle solution correspond-elle aux aspirations du citoyen-consommateur d'aujourd'hui ?

Le risque serait patent, dans cette perspective, de détruire à la fois notre agriculture culturelle et notre culture agricole. Pourquoi alors courir un tel risque, quand d'autres voies existent qui satisferaient nos exigences d'une agriculture sociétale ?

1 – L'éthique du vivant

On peut dire que l'activité agricole est la gestionnaire *naturelle* de la chaîne du vivant, car c'est à elle que revient de cultiver et d'élever des êtres vivants (plantes ou animaux) dans des milieux vivants (sols et parcelles de culture). Et les interrogations actuelles sur le statut du vivant dans notre société sont donc au cœur des débats sur les choix agricoles.

Depuis le siècle des Lumières, la recherche scientifique n'a cessé de dissiper les mystères de la nature, en expliquant tous les phénomènes, des plus macroscopiques aux plus

microscopiques. Après la découverte des lois de la physique et de la chimie, ce sont les lois de la biologie auxquelles tous les pays riches consacrent des efforts colossaux, avec pour enjeu de leurs recherches le secret de la vie.
Cependant, ces recherches, à l'origine des plus grandes espérances (guérison de nombreuses maladies), suscitent aussi de lourdes angoisses, tant par les risques de dérives (manipulations non contrôlées du vivant), que par les interrogations métaphysiques qu'elles provoquent.

A - Organisme-machine ou organisme vivant ?

Les recherches en biologie ont pris deux directions diamétralement opposées durant ces dernières décennies, soit vers le champ de l'écologie, soit vers le champ de la génomique (la biologie moléculaire). Alors que ces recherches portent sur les mêmes objets, les êtres vivants, bien que complémentaires elles ne dialoguent pratiquement pas entre elles, la biologie moléculaire étudiant le fonctionnement intime de l'être vivant selon la démarche analytique, et l'écologie, pour sa part, les relations de l'être vivant dans son habitat selon la démarche systémique. Mais le plus grave est le déficit de considération dont souffre l'une de ces recherches par rapport à l'autre, la biologie moléculaire étant devenue la science *noble* qui accapare la majeure partie des crédits, et la mieux valorisée, à tous points de vue.
Il est déjà bien difficile de parler d'objectivité scientifique dans pareil contexte. Mais cette forte présence des biologistes moléculaires dans le milieu scientifique a entraîné une véritable lame de fond d'un courant de pensée dominant, qui pousse à la représentation de l'être vivant comme un organisme-machine. Le succès de la biologie moléculaire réside dans le fait que les investigations menées sur le génome ont mis en évidence le rôle essentiel des gènes et de leur expression dans le fonctionnement de l'organisme. La tendance est donc aujourd'hui à considérer l'organisme (et même une simple cellule) comme une usine très compliquée comportant un gigantesque tableau de bord (le génome), des régulateurs d'expression en actionnant les commandes.

Cette représentation réductrice de l'être vivant pose problème à de nombreux chercheurs, car elle laisse un certain nombre de phénomènes inexpliqués, tels que les processus d'adaptation à de nouveaux milieux ou les processus d'autodétermination de la sensibilité des cellules aux hormones ; elle a aussi le grave désavantage d'oublier notre incapacité à concevoir l'émergence du nouveau à partir de lois universelles auxquelles est censé obéir le vivant. Ce dernier point continue d'interroger la communauté scientifique, car ce que Bergson a appelé l'*élan vital*[2] au siècle dernier est trop souvent confondu avec un vitalisme primaire, et les biologistes préfèrent la commodité du hasard pour échapper aux questions que posent certaines observations non explicables du vivant. Or, comme le rappelle Amzallag : *n'est scientifique qu'une proposition expérimentalement vérifiable, reposant sur des paramètres identifiés et mesurables. Invoquer le hasard pour fuir une difficulté revient à peu près au même qu'invoquer une force vitale à chaque fois que l'explication tombe en défaut. La démarche n'est pas plus scientifique dans un cas que dans l'autre. Pourtant, le vitalisme est perpétuellement ridiculisé, alors que l'idée d'organisme-machine est devenue le fondement hors duquel l'investigation du vivant reste impensable*[3].

Doit-on aujourd'hui considérer l'être vivant comme un automate, auquel toute créativité est d'emblée refusée, condamné à une éternelle répétition du même, ne trouvant refuge à cette monotonie que dans l'erreur involontaire ?

La question est suffisamment importante pour être posée car, en tout état de cause, l'économie mondiale a déjà fait son choix.

B - La propriété du patrimoine génétique et la biodiversité

Les recherches en biologie moléculaire ont logiquement induit nombre d'applications biotechnologiques dont l'industrie s'est emparé. Afin d'assurer la rentabilité de leurs investissements, les industriels ont aussitôt recherché une protection par brevet de leurs inventions, et cela a soulevé de multiples questions en

---

[2] Henri Bergson, *L'évolution créatrice*, PUF, 1948.

[3] Gérard Nissim Amzallag, *L'homme végétal, pour une autonomie du vivant*, Albin Michel, 2003.

matière de brevetabilité du vivant. Fort heureusement, des limites à cette brevetabilité ont pu être fixées lors de l'accord relatif aux droits de propriété intellectuelle touchant au commerce (ADPIC), au sein de l'accord final de Marrakech du 15 avril 1994 (pour les végétaux et animaux autres que les micro-organismes, ainsi que pour les procédés essentiellement biologiques d'obtention de végétaux et animaux autres que les procédés non-biologiques et micro-biologiques)[4]. En effet, les enjeux de cette brevetabilité sont tels que les pays, en particulier du Sud, pouvaient, à terme, ne plus avoir accès à leurs ressources génétiques qu'en les achetant aux industries qui les avaient pillées pour les transformer.
Mais la reconnaissance de l'application du système de brevets au vivant par l'Organisation Mondiale du Commerce pose toujours le problème du partage des avantages de l'utilisation de la biodiversité. Le système n'offre, effectivement, aucune garantie véritable de reconnaissance des savoirs traditionnels dans l'innovation, et pose la question des mécanismes de rémunération de ceux-ci. Par ailleurs, il est en opposition avec la Convention sur la diversité biologique, signée par 157 Etats lors de la Conférence de Rio en 1992, qui prévoit la protection des innovations des communautés agricoles autochtones, la poursuite des pratiques agricoles traditionnelles, y compris le droit de sauvegarder et d'échanger des semences et d'écouler des récoltes, ainsi que le droit de prévenir le danger de perte de souveraineté alimentaire des pays en voie de développement par des pratiques anti-concurrentielles.
Ce sujet se trouve donc au cœur des négociations actuelles et à venir à l'OMC, car le cadre réglementaire actuel est bien trop lâche pour empêcher tous les conflits potentiels inhérents à la brevetablité du vivant.
Enfin, cette brevetabilité pose également la question de son influence sur l'évolution de la biodiversité. La conservation et l'exploitation durable de la diversité biologique paraissent en effet incompatibles avec le droit des brevets. D'une part, l'information sur la diversité biologique doit être la plus transparente possible, ce qui va à l'encontre du secret industriel

---

[4] L. Boy, « *Propriété intellectuelle : l'agriculture en première ligne avec l'accord ADPIC* », in *DEMETER 2002, Économie et stratégie agricole*. Armand Colin, 2001.

autorisé par le brevet. D'autre part, la diversité biologique sera d'autant plus grande qu'elle ne sera pas limitée par des droits de propriété.
Il en ressort que l'économie agricole et le commerce international ne sauraient par conséquent se soustraire aux règles éthiques qu'il incombe à la communauté internationale d'imposer sur le statut du vivant dans notre société.
La raison exige en effet que le vivant ne soit en aucun cas considéré comme un bien marchand identique aux biens industriels, car les recherches biotechnologiques et leurs applications industrielles et commerciales entraîneraient de réels dangers pour la survie de la planète et de la société.
Mais, au-delà, le débat sur l'autonomie du vivant et sur sa capacité d'auto-organisation n'étant pas tranché, les sujets brûlants que constituent le dossier des organismes génétiquement modifiés et celui de la propriété industrielle des produits vivants doivent rester l'objet d'exceptions aux règles du commerce international (tant que l'expérience ne permet pas de tirer les conclusions sur les interprétations scientifiques et politiques des faits constatés dans la nature).

2 – L'intégration de l'aléa de production

Par ailleurs, le caractère vivant des productions agricoles confère une autre particularité à l'activité agricole : une extrême sensibilité aux aléas, et en particulier à ceux de la nature.
Un paramètre, bien-sûr, que l'économie agricole se doit d'intégrer à toutes les échelles, de la micro à la macro-économie.

A - De la garantie d'un revenu pour l'agriculteur…

Au niveau micro-économique de l'exploitation agricole, la production agricole est soumise à de nombreux aléas naturels (accidents climatiques, pathologies diverses des végétaux et des animaux) et économiques (prix du marché, du fait de la variation de l'offre). Ces aléas peuvent entraîner une rentabilité très variable de la production, et par conséquent un revenu parfois insuffisant pour assurer la pérennité de l'entreprise. En Europe, la baisse continue des prix à la production a été

compensée, tant par l'agrandissement des structures d'exploitation et la forte intensification de la production, que par une politique de soutien des prix et des marchés dans le cadre de la politique agricole commune.
Les limites actuelles de l'intensification, qui a engendré les pollutions d'origine agricole, et de l'agrandissement, qui a diminué le nombre d'agriculteurs à un point tel que ceux-ci ne peuvent plus assurer la gestion de l'espace, nécessitent que la politique économique en agriculture redéfinisse son soutien aux entreprises agricoles, lesquelles ne peuvent vendre leur production au-dessous de leur coût de revient. De nombreux outils existent, des différents contrats (contrats de production avec l'aval, contrat d'exploitation comme le CAD), jusqu'aux assurances-récolte. Il semble indispensable de rendre ces outils accessibles à toutes les exploitations agricoles, et de mieux informer les citoyens-consommateurs quant à la nécessité de ce soutien, afin de préserver une agriculture plus naturelle et d'éviter le développement unilatéral de l'agriculture biotechnologique.

B - Au nécessaire approvisionnement de la population mondiale...

Sur le plan macro-économique, l'aléa de la production représente une caractéristique importante du marché des produits agricoles à l'échelle mondiale. Quand des zones agricoles ont subi des accidents climatiques (gel, sécheresse, inondations...), les pouvoirs politiques des États sont contraints d'assurer une gestion de la pénurie. Dans le cas de surproduction, il leur faut au contraire assurer une gestion des stocks.
En situation de pénurie, il est évident qu'il convient de favoriser la libre circulation des produits alimentaires de base au moindre coût, afin d'éviter les risques de famine dans les pays en voie de développement, ou pour maintenir le niveau de transformation agro-alimentaire dans les pays développés. Par contre, en situation de surproduction, ce qui a été fréquemment le cas ces dernières années dans les pays occidentaux, l'écoulement à l'exportation des stocks à des prix inférieurs au prix du marché perturbe fortement le marché des productions locales.

Ce phénomène de l'aléa de production en agriculture entre pour beaucoup dans l'instabilité intrinsèque des marchés agricoles. Alarmés par la volonté de nombreux experts de l'OMC de ramener les matières premières agricoles au rang de toute autre matière première, de plus en plus de voix d'économistes se font entendre, appelant à reconsidérer cette totale libéralisation. Les futures négociations de l'OMC devraient plutôt envisager une restriction de la libéralisation[5], en privilégiant les échanges par grandes zones géographiques à niveau de développement similaire, afin de limiter, et le risque trop important de perturbation des marchés intérieurs, et le besoin d'un protectionnisme nécessaire à la sauvegarde d'une souveraineté alimentaire dans chaque pays. Solution d'autant plus acceptable dans le commerce international que les échanges agricoles ne représentent en fait que 5% de la production mondiale, ce qui joue au sein de l'OMC en faveur de cette spécificité agricole.

C - En passant par le besoin d'un commerce équitable

Au niveau d'un territoire régional ou national, l'aléa de production se répercute directement sur les prix à la production. Mais force est de constater que les écarts de prix ne subissent pas les mêmes variations pour le consommateur. Les entreprises agro-alimentaires et les magasins de la grande distribution, qui contrôlent en majeure partie l'écoulement de la production agricole, ont acquis un pouvoir écrasant face aux producteurs. Le concept de commerce équitable ne concerne donc plus uniquement les petits producteurs de pays en voie de développement, mais les agriculteurs du monde entier. De plus, c'est à remarquer : face à la mondialisation, l'industrie se concentre, mais cette tendance s'accentue aussi en agriculture. Les exploitations agricoles s'agrandissent et développent des formes sociétaires, lesquelles installent des filiales dans différentes régions du monde, afin d'approvisionner un marché tout au long de l'année (c'est le cas des légumes, des fruits et

[5] B. Daviron , T. Giordano, L. Tubiana, T. Voituriez, « *Commerce agricole : l'idée de libre-échange a-t-elle vécu ?* », in *DEMETER 2002, Économie et stratégies agricoles*, Armand Colin, 2001.

des fleurs). Pour les producteurs, c'est la meilleure façon de résister à la concentration de l'industrie et du commerce.
Une telle évolution ne manquerait pas toutefois d'avoir à nouveau pour conséquence la disparition de nombreux agriculteurs producteurs dans les années à venir. La bataille du prix rémunérateur menée par le monde agricole est donc bien incontournable et elle ne pourra être gagnée que si la politique agricole favorise la régulation des marchés et établit des règles de répartition de la marge commerciale entre le producteur, le transformateur et le distributeur.
Dans d'autres secteurs sensibles, comme le livre, des solutions furent bien trouvées pour que la concurrence ne tue pas la création et l'édition (prix unique, droits d'auteurs, droits de photocopies...). En agriculture, d'autres règles sont à inventer, mais elles sont nécessaires, pour ne pas tuer la diversité de l'agriculture française qui, ne l'oublions pas, est la base de sa richesse et de son renom.

3 – La reconnaissance de la terre-patrimoine

Le premier facteur de production de l'activité agricole est la terre. Celle-ci constitue le capital foncier de l'entreprise agricole, et elle est donc un facteur essentiel dans l'économie agricole.
Comme nous l'avons décrit dans le deuxième chapitre, cette terre est à la fois une ressource naturelle, le sol, et un bien économique, le parcellaire. En fonction de ces deux approches, des enjeux au sein de la société posent la question cruciale de l'usage de la terre.
Sans terre fertile, plus d'agriculture. Il y a donc aujourd'hui urgence à redéfinir les moyens d'accès au foncier pour les agriculteurs, et à encourager la préservation de la fertilité. Nous revenons ainsi à la notion de terre-patrimoine.

A - Les agriculteurs peuvent-ils encore avoir accès au foncier?

Depuis dix ans, tout a contribué à la flambée des prix des terres. D'un côté, la politique agricole commune de 1992 a encouragé l'agrandissement des exploitations. De l'autre, les usages non agricoles, par l'urbanisation, les infrastructures et le tourisme, sont entrés en concurrence directe avec l'usage agricole. Les réserves foncières ont de ce fait été repoussées dans des zones où la qualité des terres et des parcellaires n'autorise pas une agriculture rentable dans le contexte actuel. Sur certains territoires, en particulier en zone de montagne, on assiste à des situations pour le moins aberrantes :

- Des terrains ont été achetés par des non-agriculteurs, pour des espaces de loisirs, et ces terres sont abandonnées à la friche durant de nombreuses années, alors que des agriculteurs n'ont pu les acheter, compte tenu du prix demandé.
- Des terres très fertiles autour des villes ou des villages deviennent constructibles, dans le respect de la loi sur l'urbanisation qui veut éviter le mitage du paysage, alors que des hameaux, situés sur des terrains moins fertiles, sont abandonnés.

Il existe bien des outils pour favoriser l'usage agricole des terres, comme le droit de préemption de la SAFER (Société d'Aménagement Foncier et d'Établissement Agricole), mais celui-ci ne peut s'exercer que dans le respect des prix du marché. Or, comment un agriculteur pourrait-il aujourd'hui rentabiliser une parcelle payée au prix d'un terrain constructible ?

Il apparaît donc que la politique économique doit prioritairement se doter de nouveaux moyens pour faire en sorte qu'une bonne terre agricole reste cultivée. Cela suppose que d'autres critères que le prix du marché des terres soient au plus vite pris en compte.

La terre étant à la fois un bien privé et un bien public, par sa production de paysage, le projet d'usage de la terre devrait aussi devenir un critère pour acquérir une parcelle de culture. Un nouveau propriétaire qui laisse sa terre en friche devrait être passible de poursuites, pour dégradation du patrimoine. De même, dans une communauté d'agglomérations ou une communauté de communes, la compétence de gestion de l'espace devrait affirmer la préservation des surfaces agricoles. Enfin, il faudrait trouver une solution pour que les agriculteurs qui partent en retraite soient incités, soit par la fiscalité, soit par une valorisation de leur retraite, à céder leurs terres à des agriculteurs, et en particulier des jeunes qui s'installent.

B - La durabilité passe par l'entretien de la fertilité

La terre est à la fois un patrimoine privé, facteur de production de l'agriculteur, et un patrimoine public, ressource naturelle et culturelle de la société.
La question de sa préservation ne s'est jamais posée aussi fortement qu'aujourd'hui car, les citoyens-consommateurs n'étaient pas demandeurs d'aménités de la campagne, et l'accroissement de la fertilité des terres était une préoccupation constante des familles agricoles, qui transmettaient les terres aux descendants.
Dans le monde agricole, il est en effet deux dérives qui se manifestent quant à la gestion de la fertilité :

- L'agrandissement des exploitations et les formes sociétaires engendrent un désintérêt pour les terres peu productives, au point de les abandonner à la friche, et une gestion de la fertilité à court terme.
- Lors des départs en retraite, les agriculteurs qui n'ont pas d'installation d'enfant ont tendance à négliger l'entretien de la fertilité, afin d'économiser le travail et l'argent.

Or, la fertilité de la terre peut se dégrader très vite. A titre d'exemples, l'enherbement et l'embroussaillement, ou le non-renouvellement de la matière organique, peuvent rendre une terre peu fertile en quelques années. Par contre, la reconstruction de la fertilité nécessitera un temps beaucoup plus long et un coût très élevé.
Certes, pour les citoyens, la demande de diversité de paysage ne pourra être satisfaite que si l'agriculture continue à entretenir l'espace. Seulement, cet entretien ne se fera que si l'agriculteur y trouve une rentabilité économique.
L'entretien de fertilité est donc une nécessité pour le monde agricole et pour la société, et des instruments économiques sont à inventer pour favoriser à la fois la multifonctionnalité de l'agriculture et la transmission patrimoniale de toutes les terres cultivées.

4 – L'agriculture et l'exception culturelle

Tout au long de cet ouvrage, nous avons développé des arguments en faveur d'une approche culturelle de l'agriculture. Dans le contexte actuel de mondialisation et de la nouvelle phase de négociations sur le commerce international, l'argument de l'exception culturelle pour l'agriculture deviendrait donc un bouclier pour tous les pays qui ne prendront pas le risque de sacrifier leur agriculture. Cette approche ne peut cependant être défendue de manière systématique, l'alimentation étant un besoin humain de première nécessité, et du fait que la libre circulation des aliments de base, en particulier les céréales, permettra toujours une meilleure nourriture en quantité et en qualité.
Il faut donc parvenir à s'accorder à l'échelle mondiale sur le point essentiel que l'agriculture est une activité dont les fonctions, marchande et ménagère, obligent à des régulations commerciales spécifiques.

A - Le terroir, une réalité agronomique

Dans sa fonction marchande, l'agriculture a pour première mission de produire l'alimentation.
Se sont par suite développées dans le monde deux approches différentes du développement de la qualité des produits alimentaires. L'approche anglo-saxonne privilégie la qualité alimentaire des produits agricoles par la marque commerciale. L'approche européenne défend, en plus de la marque, l'importance de l'origine du produit, en se basant sur l'effet terroir. Dans l'accord sur la propriété industrielle de 1994, un consensus politique s'est dégagé par simple application du *statu quo ante*, à savoir la protection par l'indication géographique, forte pour les vins et spiritueux, plus faible pour les autres produits[6].

---

[6] S. Lucatelli , « *Indications géographiques des produits agro-alimentaires : les enjeux de la reconnaissance des signes de qualité par l'OMC* », in *DEMETER 2002, Économie et stratégie agricoles*, Armand Colin, 2001.

L'évolution de la protection des signes de qualité au niveau international constitue donc un enjeu capital pour l'économie agricole des années à venir.
Sur le plan scientifique, l'effet terroir n'est pas contestable. Sur les produits à haute valeur ajoutée comme le vin et les spiritueux, mais aussi les fromages, les caractéristiques agronomiques et les savoir-faire locaux permettent de distinguer objectivement les différentes qualités à partir de critères et d'indicateurs incontestables. Si cet effet existe pour les fromages et le vin, c'est parce que les matières premières, c'est-à-dire le jus de raisin et le lait ont des caractéristiques particulières. C'est d'ailleurs pour cela qu'il est possible de prouver scientifiquement l'influence d'un territoire sur la qualité d'un produit agricole. L'effet terroir pourra donc être trouvé pour tous les produits agricoles, à partir du moment où il sera recherché sur des territoires qui présentent des caractéristiques particulières.
La reconnaissance d'une protection par une indication géographique caractérise donc bien un territoire, et affirme ainsi une identité culturelle. Cela est d'autant plus vrai que le terroir inclut la dimension historique du produit et les savoir-faire locaux.
On le voit, le terroir, apparaissant comme une réalité agronomique, sociale et culturelle, il n'y a aucune raison objective pour qu'il ne soit également considéré comme une réalité économique.

B - Les aménités de l'agriculture, un service public à protéger

Dans les chapitres précédents, nous avons insisté sur la fonction ménagère de l'agriculture européenne, tant dans son rôle de préservation des ressources naturelles que dans la mise en valeur de l'espace rural, sur les plans de l'accessibilité, de l'esthétique et de sa mission éducative. Cette autre fonction de l'agriculture doit désormais être affirmée et reconnue sur le plan économique. Avant la période productiviste, elle se faisait spontanément par les agriculteurs qui représentaient à l'époque environ 30% de la population active. Aujourd'hui, les agriculteurs, ne représentant que 3 à 4% du monde du travail,

ne sont pas assez nombreux pour remplir cette mission, et ne peuvent se permettre un tel bénévolat, alors que la logique économique en fait disparaître chaque jour un peu plus.
L'évolution des mentalités des citoyens européens engendre une demande de biens d'environnement et de biens patrimoniaux, où l'activité agricole se situe au cœur de cette production par sa fonction ménagère. Il faut donc mettre en place de nouveaux outils économiques pour que les agriculteurs puissent remplir ces nouvelles missions, qui sont des missions de service public, au sens où il n'existe pas de véritable marché concurrentiel. Un certain nombre de collectivités locales ont bien compris les enjeux économiques liés à cette fonction ménagère de l'agriculture, puisque les impacts d'une agriculture ménagère sur l'activité touristique, ou sur d'autres secteurs économiques, par le renforcement de l'attractivité d'un territoire (image de marque), sont réels. L'enjeu est aujourd'hui de taille pour le monde agricole car, si les agriculteurs n'ont pas la volonté et les moyens de développer cette activité, elle sera prise en charge par d'autres secteurs d'activité, l'industrie ou les sociétés de service. Cela engendre de véritables gaspillages (développement des entreprises de dépollution nitrique de l'eau, préféré à la suppression des pollutions à la production agricole) ou des non-sens (achat de fermes par les collectivités locales pour les transformer en fermes pédagogiques, mais sans agriculteurs).
Le problème actuel est que le monde agricole reste encore peu ouvert à cette évolution du métier vers cette fonction ménagère, parce qu'il a oublié, pendant la période productiviste, qu'il a auparavant exercé d'autres missions que la seule production alimentaire (fourniture de l'énergie par le bois, fourniture du textile par le cuir et le lin…).
Dans le contexte international actuel de l'évolution des politiques agricoles, la prise en compte de ces aménités produites par l'activité agricole constitue une entrée, à la fois objective et efficace, pour défendre et protéger une agriculture moderne et sociétale.

II - Pour un dispositif de recherche/formation/développement favorisant la diversité des ressources, des activités et des produits

L'unité de l'agriculture est fortement mise à mal par les contradictions entre agriculture productiviste et agriculture durable, entre agriculture industrielle et agriculture paysanne, ou entre agriculture marchande et agriculture ménagère.
L'unité à rechercher dans le monde agricole n'est effectivement plus celle qui a été construite pour le précédent projet agricole de la période productiviste. Dans la période précédente, l'unité était basée sur la reconnaissance du métier de producteur de biens alimentaires, et sur le besoin d'élévation du niveau de vie et de culture de tous les agriculteurs.
Aujourd'hui, ce qui fait l'unité du monde agricole c'est, d'abord, la gestion du vivant et de l'espace rural, et ensuite, les valeurs agricoles et rurales. Nous retrouvons donc bien cette dimension agriculturelle, où l'agriculture, activité entre nature et culture, a à jouer un rôle essentiel dans le choix de société du vingt-unième siècle.
Dès lors que le projet agricole accèdera pleinement au statut de projet politique, avec une cohérence économique, sociale et culturelle, la réussite de ce projet pourra s'envisager grâce à une politique d'accompagnement.
La France a, pour ce projet, la chance de bénéficier d'un dispositif de recherche/formation/développement qui a prouvé son efficacité, et il devra donc se mettre à la disposition des agriculteurs sur les territoires.
A cette fin, comme les agriculteurs, les agronomes doivent changer leurs représentations mentales pour se mettre au service de l'agriculture et de la ruralité de demain.

1 - L'agronomie, entre science de la nature et science de l'homme

On appelle *agronomie* la science de l'agriculture. Elle s'est progressivement construite en tant que discipline scientifique depuis le milieu du dix-neuvième siècle, avec la mise en place des Écoles supérieures d'agriculture[7]. Auparavant, elle s'attachait à la description des phénomènes agronomiques plutôt qu'à leur élucidation, même si certains agronomes, Olivier de Serres (fin seizième siècle) le premier, avaient déjà une démarche expérimentale. L'avènement de l'agronomie en tant que science fut difficile, ses objets d'étude résultant à la fois des phénomènes naturels et de l'action de l'homme. La place qu'elle occupe, entre sciences de la nature et sciences de l'homme, est donc instable, et ce d'autant plus que la connaissance des objets d'étude fait appel aux disciplines scientifiques déjà fortement structurées, comme la physique, la chimie, ou la biologie. Cette difficile reconnaissance des chercheurs en agronomie est certainement cause du glissement de nombre d'entre eux vers des disciplines plus *nobles* que sont la chimie et la biologie, et ce d'autant plus que les recherches y étaient déjà orientées vers les connaissances fines du fonctionnement du milieu de culture et des êtres végétaux et animaux.

L'agronomie a donc toujours tendu à dériver vers les sciences de la nature, alors que la pratique agricole est une action qui prend autant en compte le contexte psycho-socio-économique de l'agriculteur que le milieu de culture. Ceci dit, les agronomes ont récemment pris conscience du vaste champ d'action couvert par leur science. Gilles Lemaire[8], chercheur à l'INRA, le rappelle : l*es enjeux économiques, sociétaux et environnementaux qui sont aujourd'hui posés à l'Agronomie obligent cette dernière à faire face aux mêmes défis que l'Écologie comme discipline d'interface entre les Sciences du Vivant, les Sciences de la Terre et les Sciences Humaines. De la même manière que l'Écologie doit dépasser son origine essentiellement* naturaliste, *pour accéder réellement au statut de science des interactions entre l'Homme et son Environnement, l'Agronomie doit aller au-delà de la seule production agricole en intégrant les fonctions non productives des territoires ruraux qui sont directement ou indirectement soumises à l'action de l'homme. Il doit donc y avoir, dans*

[7] Le Comte de Gasparin a publié son cours d'agriculture en 1844, et les principes d'agronomie en 1854.

[8] Gilles Lemaire, « *Les enjeux et défis pour la recherche en agronomie* », Comptes rendus de l'Académie d'Agriculture de France, vol. 87, n°4, 2001.

l'avenir, une plus grande interpénétration et une interfécondation entre les concepts, les outils et les méthodes générés par ces deux mondes de la recherche, qui se sont longtemps ignorés, à l'abri des barrières sémantiques distinguant les écosystèmes naturels *et les* écosystèmes anthropisés. *Cette distinction n'a plus lieu d'être ; les concepts d'* environnement *et de* durabilité *se réfèrent au développement et à l'activité des sociétés humaines, et la* Nature *n'a en soi ni objectif ni fonction en dehors du point de vue de l'Homme. À ce titre, l'Agronomie doit être considérée comme une partie de l'Écologie et le concept d'* ingénierie agronomique *fait, en ce sens, écho à celui d'ingénierie écologique qui émerge actuellement et à celui d'ingénierie environnementale qui s'est développé dans le monde industriel*.

2 – L'agronomie, science des terroirs ?

Force est bien alors de constater que l'agronomie, dans sa recherche de scientificité, a privilégié la production de connaissances scientifiques, se préoccupant de moins en moins du retour au réel de l'agriculteur. Pourtant, Michel Sébillotte, dans son *Essai d'analyse des tâches de l'agronome*[9], inscrivait il y a trente ans sans ambiguïté l'activité de l'agronome en tension entre une production de connaissances dans la discipline agronomique et des actions dans la pratique agricole elle-même. L'agronomie étant posée comme une science pour l'action, vu l'existence d'un lien entre le réel théorique de l'agronome et le réel pratique de l'agriculteur. Reste que, malgré une orientation aussi marquée, la production de connaissances scientifiques de ces cinquante dernières années a fort peu concerné l'action de l'agriculteur, que ce soit à l'une ou à l'autre des trois échelles où la pratique agricole agit : la parcelle, l'exploitation et le territoire.
La parcelle de culture a surtout été étudiée dans sa relation sol-climat-plante, avec le seul objectif de l'augmentation du rendement quantitatif de la production, ce qui n'a pas manqué d'inciter à la codification des pratiques culturales. Or,

[9] Michel Sébillotte, « *Agronomie et agriculture. Essai d'analyse des tâches de l'agronome* », in Cahiers ORSTOM, Série biologique n°2, 1974.

l'environnement de la parcelle (topographie, éloignement de la rivière ou de la nappe phréatique...), l'histoire culturale de la parcelle, les choix stratégiques et tactiques de gestion par l'agriculteur, ont été trop rarement intégrés dans la production de références techno-scientifiques. Les conséquences ont été les pollutions d'origine agricole, et la faible prise en compte des *recettes* par de nombreux agriculteurs.

Le niveau de l'exploitation agricole correspond à celui de la prise de décision de l'agriculteur. Là encore, trop peu de recherches se sont appuyées sur le *modèle pour l'action*[10] de l'agriculteur, lequel met en évidence que la rationalité, les modes d'apprentissage et la constitution des savoir-faire de l'agriculteur sont bien différents des représentations que peuvent s'en faire les chercheurs. L'agriculteur, dans son action, fait ses choix en fonction de nombreux paramètres, d'ordres différents (agronomique, économique, social et psychologique) et mobilise des concepts qui sont, pour certains, scientifiques, pour d'autres, pragmatiques, parce que construits dans et pour l'action[11].

Enfin, l'échelle du territoire est aujourd'hui nouvelle pour l'agronome, depuis l'irruption des problèmes d'échelles spatiales et temporelles, d'organisations entre entités et acteurs ayant des responsabilités, des usages et des attentes différents vis-à-vis de l'espace. La nécessité de la gestion collective des territoires oblige à des compromis nécessitant des recherches préalables. L'agronome doit prendre toute sa place dans les recherches sur le territoire car, les écologues, les géographes et les sociologues, ne pourront pas modéliser la réalité agricole. L'absence d'agronomes dans les domaines de recherches portant sur le territoire risquerait alors d'avoir pour conséquence une omission des préoccupations agricoles dans le développement des territoires.

Il est donc hautement souhaitable que l'agronomie s'affirme comme la *science pour l'agriculture*, en construisant ses objets

---

[10] M.Sébillotte et L.G.Soler, « *Les processus des décisions des agriculteurs* », in *Modélisation systémique et système agraire. Décision et organisation.* Éditions INRA, 1990.

[11] Philippe Prévost, *Activité agricole, régulation biologique et transmission des savoirs agronomiques*, Techniques et documentation, 1999

de recherche à partir des préoccupations des agriculteurs sur des territoires donnés.
Davantage, dans une perspective agriculturelle, où c'est la diversité des ressources, des activités et des produits qui peut faire la richesse de l'agriculture, ne pourrait-on proposer que l'agronomie devienne la science des terroirs ?

3 – Le tryptique recherche-formation-développement au service des territoires et des terroirs

L'évolution de l'agriculture dans la société oblige à revisiter à la fois les concepts et les méthodes de la recherche agronomique, mais aussi les modes de production et de transmission des connaissances. Comme le modèle de la recherche non soumise à la demande sociale est révolu, le modèle de la vulgarisation scientifique descendante chercheur-enseignant-agent de développement-agriculteur ne fait plus sens.
L'agriculture et la ruralité devenant indissociables, il incombe à l'ensemble des acteurs pour le progrès de partager les savoirs ayant trait aux grands thèmes que nous avons abordés dans cet ouvrage. Mais, au-delà de ces savoirs, ce sont aussi *de nouvelles compétences transversales qui sont nécessaires pour comprendre et agir dans le monde d'aujourd'hui et de demain : négociation, méthodes de l'action collective, gestion des risques, raisonnement à plusieurs échelles, traitement d'une information surabondante, prise en compte du temps long, esprit de doute (sans l'angoisse)* [12].
Surtout, l'agriculture française et européenne doit réussir sa réforme, pour mieux correspondre aux besoins de biens environnementaux, de sécurité alimentaire, et d'identité culturelle de la société urbaine à laquelle nous appartenons tous. Pour ce faire, les dispositifs de recherche, de formation et de développement, ont à travailler en vue de ce même objectif, comme cela a été le cas dans la période productiviste.

---

[12] Rapport de synthèse du chantier Prospea (Projet pour le service public de l'enseignement agricole). Loi d'orientation agricole, savoirs et qualifications professionnelles ; Analyse des enjeux et perspectives pour l'évolution des savoirs. Éducagri Éd., 2002.

Durant la période du productivisme, la situation était plus simple car, dans le cadre d'un projet politique où la demande était de produire plus, cette seule exigence a pu être satisfaite par une concentration des moyens sur la production d'aliments. Le progrès technique fut le credo de l'ensemble de la filière de progrès, et une telle cohérence s'avéra d'une très grande efficacité.
Dans la période que nous traversons, où le modèle est multipolaire, où se croisent la production, l'environnement, l'aliment et le territoire, le progrès technique n'apparaît plus comme le fil conducteur reliant l'ensemble des partenaires. Une nouvelle conception de la filière de progrès est donc indispensable pour le développement de l'agriculture au vingt-unième siècle.
Aujourd'hui, pour tous les acteurs de la recherche, de la formation et du développement, ce sont l'apprentissage de la compréhension des phénomènes complexes, et l'apprentissage de l'action dans des situations complexes, qui doivent guider l'action.
Ces apprentissages ne sont plus à sens unique, du chercheur vers le formateur ou le conseiller agricole, puis vers l'agriculteur. Les apprentissages seront désormais envisagés comme partages de savoirs, pour deux raisons essentielles :

- Le progrès en agriculture dépend actuellement autant des nouvelles règles juridiques et économiques, des nouveaux liens sociaux dans les territoires ou de la construction culturelle des produits et services, que de la technologie. Les nouveaux savoirs sont donc issus de la pratique autant que du laboratoire.
- Tous les agronomes, du chercheur à l'agriculteur, ne peuvent plus ignorer les multiples demandes des citoyens-consommateurs. Tous, à leur niveau, doivent alors jouer un rôle de médiation pour transmettre les savoirs agronomiques à l'ensemble de la société : hommes politiques, élèves et étudiants, associations de consommateurs, médias, grand public…

Ainsi, de la construction des objets de recherche jusqu'à la communication au grand public des connaissances agronomiques, passerelles et liens sont nécessaires entre le monde de la recherche, le monde de l'enseignement et le monde

du développement, pour la production des connaissances et pour leur transmission au plus grand nombre, qui auront à opérer en synergie.
Cette proposition n'est certes pas des plus simples à gérer, et c'est pour cela qu'il convient d'envisager une filière de progrès beaucoup plus territorialisée. Sur ce point, une certaine impulsion a déjà été donnée dans chacun des secteurs : les programmes de recherche sur et pour le développement régional de l'INRA, en convention avec les Régions, la nouvelle politique de développement régie à l'échelle régionale, la politique de formation professionnelle déléguée aux Régions depuis les premières lois de décentralisation. Par contre, l'établissement de liens entre les secteurs de la recherche, de la formation et du développement est extrêmement difficile, chaque secteur ayant sa logique propre. La recherche et l'enseignement supérieur ont appris à travailler ensemble depuis la mise en place du statut d'enseignant-chercheur dans les écoles d'ingénieur, et des unités mixtes de recherche entre centres de recherche et établissements d'enseignement supérieur. La recherche et le développement se retrouvent sur le terrain de la recherche appliquée, mais essentiellement dans le domaine technique. Le développement et l'enseignement se rencontrent dans le domaine de la formation continue, et plus rarement dans le domaine de la recherche appliquée, mais souvent dans un esprit de concurrence et non de complémentarité.
Il y a donc un vaste chantier à ouvrir pour que la recherche, l'enseignement supérieur, le développement agricole et l'enseignement technique coopèrent en vue du progrès global de l'agriculture dans la société. Les travaux de recherche/formation/développement induits par un projet de développement agricole territorial sont de grande ampleur, tant dans la connaissance des terroirs, que dans les organisations socio-économiques ou la valorisation culturelle de la production agricole.
Comme pour l'agriculteur avec le contrat d'agriculture durable, il va s'agir ici d'imaginer un contrat clair, sur un territoire donné, entre les différents partenaires de la recherche, de la formation et du développement, et avec les pouvoirs publics

concernés par le niveau territorial choisi, pour fixer les objectifs à atteindre.

III - Pour un nouveau type d'agriculteurs : les payculteurs

En 1967, Henri Mendras[13] s'interrogeait : n'*est-ce pas simplement que la logique industrielle est incompatible avec la logique de la société paysanne traditionnelle et que vouloir appliquer l'une à l'autre ne peut évidemment conduire qu'à détruire la seconde ?*
La société paysanne a certes disparu dans les campagnes, où l'adoption de modes de vie urbains s'est généralisée. Par contre, l'expression *paysan* renaît de ses cendres, tant dans le monde agricole que chez les citoyens.
Demandons-nous donc, en dernier lieu, ce qu'il reste de paysan chez l'agriculteur moderne, qui pourrait être à la base de la voie agriculturelle.

1 – Exploitant agricole ou paysan, paysan et agriculteur

Comme un clou chasse l'autre, le modèle productiviste des années 1960 avait en effet proprement banni le mot *paysan* pour consacrer celui d'*exploitant agricole*. Cette volonté affirmée, des politiques de l'époque et des agriculteurs eux-mêmes, correspondait clairement au projet de donner aux agriculteurs un statut et des droits similaires aux autres catégories sociales. L'entreprise agricole du type exploitation familiale avait été érigée en modèle, et l'ensemble de la filière de progrès en agriculture s'était attaché à rendre ce modèle le plus compatible possible avec la diffusion du progrès technique. Mais, force est de constater que, comme l'avait prédit Mendras, c'était là *le dernier combat de la société industrielle contre le dernier carré de la civilisation traditionnelle*[14] . Les valeurs paysannes ont été reléguées dans le domaine du folklore, la division du travail et la spécialisation ont fait progressivement disparaître la

[13] Henri Mendras, *La fin des paysans*, Actes Sud, collection BABEL, 1992.
[14] Henri Mendras, ibid.

polyproduction, et le modèle de l'exploitation familiale a éclaté (développement des entreprises sociétaires, pluriactivité de la famille avec l'explosion du travail extérieur de la femme).
L'industrialisation de l'agriculture paraissait alors inéluctable, mais deux éléments sont venus contrarier ce qui semblait une évidence. D'un côté, la prise de conscience des problèmes environnementaux, à partir des années 1980, qui débouche aujourd'hui sur une politique généralisée de développement durable, a mis en évidence que les pollutions d'origine agricole ne pouvaient être traitées comme les pollutions industrielles, du fait de leur caractère diffus. De l'autre, la production industrielle a soumis progressivement les phénomènes naturels et vivants aux contraintes des process industriels et de leur rentabilité, au point de ne plus respecter certains processus naturels, dont la crise de la *vache folle* a été le révélateur.
Les citoyens européens ont ainsi pris douloureusement conscience qu'ils étaient devenus ignorants et coupés de leurs racines rurales, dans le même temps où la campagne redevenait leur destination privilégiée.
Les agriculteurs, quant à eux, ont clairement compris que l'industrialisation allait aboutir à leur élimination définitive.
C'est alors qu'est réapparu, dans toute son exigence et sa nécessité, le mot *paysan*, d'abord chez les agriculteurs contestataires de la politique agricole commune et de l'industrialisation de l'agriculture.
La Confédération Paysanne, créée en 1987, est le syndicat agricole qui a réagi le plus tôt, saisissant l'intérêt de s'associer aux consommateurs pour défendre une alternative à l'agriculture industrielle. Dès l'origine, ce syndicat a eu pour devise : *Pour l'agriculture paysanne et la défense de ses travailleurs*. Étape suivante, une charte, publiée en 1998, s'intitulant : *l'agriculture paysanne : une agriculture qui respecte le paysan et répond aux attentes de la société*[15] énonce même dix principes fondamentaux :

- Répartir les volumes de production afin de permettre au plus grand nombre d'accéder au métier et d'en vivre.

---

[15] José Bové, François Dufour, *Le monde n'est pas une marchandise*, La découverte, 2000.

- Être solidaire des paysans des autres régions d'Europe et du monde.
- Respecter la nature.
- Valoriser les ressources abondantes et économiser les ressources rares.
- Rechercher la transparence dans les actes d'achat, de production, de transformation et de vente des produits agricoles.
- Assurer la bonne qualité gustative et sanitaire des produits.
- Viser le maximum d'autonomie dans le fonctionnement des exploitations agricoles.
- Rechercher les partenariats avec d'autres secteurs du monde rural.
- Maintenir la diversité des populations animales élevées et des variétés végétales cultivées.
- Raisonner toujours à long terme et de manière globale.

L'agriculture paysanne correspond à l'ensemble de ces dix principes, car ces principes sont interdépendants. Chacun d'eux pris isolément n'est pas l'agriculture paysanne. Chaque principe est une condition nécessaire mais non suffisante de l'agriculture paysanne. Même s'il est difficile de tenir compte en même temps de tous, il y a exigence d'essayer d'avoir une vision globale de ces principes [16]. En phase avec l'attente de nombreux citoyens-consommateurs, inquiets sur leur sécurité alimentaire et sur les pollutions d'origine agricole, la Confédération paysanne a multiplié des actions de communication auprès du grand public, et rendu populaire son porte-parole, malgré des actions de force, symboliques et médiatiques, pas toujours respectueuses des lois.

La FNSEA, quant à elle, avec une autre démarche et dans un autre style, réaffirme aujourd'hui l'identité de paysan chez l'agriculteur moderne. Le congrès de mars 2003 avait pour thème : *La ruralité, une chance pour la France*. Dans le rapport d'orientation, sur le thème du métier d'agriculteur, on peut lire en préambule :

---

[16] José Bové, François Dufour, *Le monde n'est pas une marchandise*, La découverte, 2000.

Entre la graine et l'épi, se tient le paysan. Il a choisi un métier que l'on sait difficile pour le défi quotidien qu'il demande de relever. Ce défi est celui de la vie qu'il faut travailler pour que la graine semée, nourrie, arrosée, protégée, devienne un épi de blé. Artisans du vivant, les agriculteurs remplissent la fonction essentielle de produire des denrées alimentaires.
Depuis plusieurs années, cette fonction est reléguée au second plan. Au premier plan, figurent d'autres fonctions. Aujourd'hui, nous n'avons pas de réticences à revendiquer les changements de notre métier en assumant trois fonctions complémentaires :

- *la fonction de production : fournir aux consommateurs des produits sains et de qualité, des produits dont l'origine et les conditions de production sont connues ; développer les productions non alimentaires (en demandant par exemple une réelle politique de développement des carburants verts) ;*
- *la fonction territoriale : occuper le territoire, gérer l'espace, façonner et préserver les paysages et les ressources naturelles ;*
- *la fonction sociale : contribuer à l'emploi, à l'animation du milieu rural, produire des services collectifs.*

C'est en retrouvant toutes les dimensions de notre métier que nous lui donnons du sens, pour nous-mêmes et pour la société. Nous ne sommes pas des acharnés de la production mais des artisans du vivant capables d'apporter à nos concitoyens une nourriture saine et de qualité et de redéfinir les conditions d'un rapport équilibré avec la nature.
L'agriculture est un métier de synthèse prenant en compte la production, l'aménagement du territoire, la gestion des ressources naturelles, l'emploi et l'animation du milieu rural.
Désormais, entre le grain et l'épi, se tient le paysan-aménageur, le paysan-animateur et le paysan-producteur [17].
Le fait est que désormais l'unité des agriculteurs se recompose autour du mot *paysan*, celui d'exploitant agricole étant relégué au second plan, voire abandonné.
Ce mot pose cependant un véritable problème sémantique qu'il est urgent de traiter, car il induit des représentations diverses

[17] FNSEA, *Rapport d'orientation « La ruralité, une chance pour la France »*, 57ème Congrès fédéral, Rodez, 25-26-27 mars 2003.

selon les citoyens, de par son ambivalence. S'il est un bon slogan pour rappeler aux citadins leur attachement aux valeurs rurales, les agriculteurs ne mesurent peut-être pas assez le risque que le sens populaire prenne vite le dessus. N'oublions pas que le mot paysan est défini ainsi dans le Petit Robert : *homme vivant à la campagne et s'occupant des travaux des champs. Voir agriculteur, cultivateur, fermier ; et les péjoratifs : bouseux, cambrousard, croquant, cul-terreux, pécore, péquenaud, plouc* [18]. Les antonymes du mot *paysan* sont les mots *bourgeois* et *citadin.*

A vouloir retrouver auprès des citadins une nouvelle reconnaissance du métier d'agriculteur, en tant qu' *artisans du vivant* ou entrepreneurs ruraux, ils affirment par le mot *paysan* le refus de l'industrialisation inéluctable de l'agriculture. Mais ils peuvent aussi recréer par ses connotations négatives cette situation de complexe dans laquelle se sont enfermés de nombreux agriculteurs, par rapport à la ville ou par rapport aux autres catégories sociales, dans les dernières décennies.

Même si le mot *paysan* survit aux changements en cours en prenant un sens nouveau, et ce sera tant mieux (comme c'est d'ailleurs le cas pour le mot *terroir*), il faut qu'un nouveau concept, autre que le mot *paysan*, définisse le nouveau métier de l'agriculteur, dans sa participation au nouveau projet agricole.

La langue française n'a aucun mot pour définir ce nouveau métier. Et le chaînon manquant nous paraissant aujourd'hui le mieux adapté est celui de ***payculteur***. Il a cet avantage de qualifier de deux façons le métier d'agriculteur dans la voie agriculturelle, telle que nous l'avons tracéé :

- Le payculteur peut être entendu comme le paysan-agriculteur, dans sa version contractée.
- Le payculteur est l'homme qui cultive le pays, cultiver prenant alors son double sens agriculturel, celui de travailler la terre, et celui de former par l'éducation ses concitoyens.

Le payculteur est l'agriculteur du vingt-unième siècle capable d'assurer le renouveau de la population agricole des zones rurales, dans cette démarche de contrat agriculturel que nous proposons.

---

[18] Dictionnaire Le Petit Robert, édition 1985.

2 – Le nouveau contrat pour une activité agriculturelle

Agriculteurs et consommateurs sont en train de se réconcilier. Ils ont maintenant pleinement réalisé leur intérêt mutuel à ne plus laisser les sociétés industrielles et les entreprises de la grande distribution gérer la politique agricole et commerciale.
À partir de la nouvelle loi d'orientation agricole de 1999 et de la législation complémentaire en cours, le nouveau cap d'une agriculture sociétale, basée sur une production de qualité, un aménagement du territoire et des services citoyens, se dessine.
Les outils de cette nouvelle politique ne sont pas encore tous créés, mais l'idée de base est la démarche contractuelle, méthode moderne d'incitation au changement s'appuyant sur le projet des acteurs.
Le dispositif réglementaire va donc très rapidement être opérationnel, et le financement de cette politique ne posera pas de problème majeur, car elle correspond au souhait d'évolution de la politique agricole commune au sein de l'Union Européenne.
La réussite de ce nouveau projet politique agricole dépend donc principalement de l'appropriation rapide du projet par les acteurs, elle-même tributaire de la cohérence et de la lisibilité de l'objectif et des moyens mis en œuvre.
En ce qui concerne l'objectif, proposer un contrat agriculturel à un payculteur peut paraître de prime abord incompréhensible, à cause des mots inconnus. Mais, une fois ces mots expliqués et médiatisés, ils deviennent aussitôt pour tous très riches de sens :

- Le territoire, par la référence au pays, est le nouveau *champ* d'action de l'agriculture. Ce sont les caractéristiques du territoire qui fondent le type d'agriculture à développer et tous les territoires sont à cultiver.
- Le contrat porte sur toutes les actions de l'agriculteur qui permettent à ses produits ou à ses services de contribuer à la culture commune fondant les liens sociaux sur le territoire.

Le mot *agriculturel* est encore à ce jour un néologisme, mais il suffit de voir le succès des fêtes agriculturelles sur de nombreux territoires pour comprendre qu'il correspond à un concept à forger pour une agriculture sociétale moderne.

Quant au mot *payculteur*, il est porteur de renouveau pour un métier d'agriculteur au service du pays. Il correspond à une nouvelle professionnalité à construire et marque vraiment, tant pour les nouvelles générations d'agriculteurs, que pour l'ensemble de la filière de développement agricole, et surtout pour les consommateurs, un esprit de modernité et d'engagement de toute une profession.
L'objectif doit donc être clairement affiché par une politique de développement rural au service de tous les citoyens. Or, *la France se concentre largement sur les enjeux agricoles et l'actuel débat sur la multifonctionnalité de l'agriculture occulte une réflexion sur le développement intégré des espaces ruraux* [19]. Agriculteurs et consommateurs étant désormais prêts pour une nouvelle agriculture de territoire, c'est au tour de la politique de s'engager et ne plus avoir peur des lobbies économiques, car un choix de société est à opérer.
Quant aux moyens mis en œuvre, il faut qu'ils puissent permettre les multiples et diverses missions que l'agriculture peut assumer dans notre société, que nous avons abordées dans les chapitres précédents.
En premier lieu, c'est l'attractivité du métier qui mérite d'être renouvelée. Aucune politique agricole de reconquête des espaces ruraux ne pourra être menée si le nombre d'agriculteurs continue à diminuer. Le seuil critique est aujourd'hui atteint et les agriculteurs, pour être payculteurs, doivent avoir du temps pour s'investir dans le développement local et pour augmenter le nombre de leurs représentants professionnels dans les diverses collectivités territoriales. La situation actuelle n'est pas du tout satisfaisante, car les agriculteurs n'ont ni le temps ni les moyens de s'investir dans des responsabilités locales. Si le nombre d'agriculteurs doit augmenter, il est également nécessaire que leur professionnalité se construise sur de nouveaux référents. L'évolution des fonctions de l'agriculture rend le métier d'agriculteur moins facile à définir que lorsqu'il était simple producteur de denrées alimentaires. Il faut donc que la professionnalité soit basée sur d'autres critères pour que la

[19] M. Berriet-Solliec et P. Daucé, *« Développement rural : quelle place pour l'agriculture dans les politiques communautaires ? »*, in DEMETER, Économie et stratégies agricoles, Armand Colin, 2002.

pluriactivité rurale soit considérée comme de l'activité agricole. Un payculteur est d'abord un entrepreneur rural, mais dont la nature agricole pourrait être reconnue par une activité principale reliée à la terre (de production, d'aménagement ou d'animation). L'intérêt des jeunes pour le métier de payculteur sera d'autant plus fort qu'il sera varié et valorisant au sein du territoire.

En deuxième lieu, l'installation en agriculture doit être facilitée par tous les moyens. L'encouragement des vocations par l'installation hors cadre familial, les freins à la spéculation foncière, les innovations sociales, économiques et technologiques, le statut de la pluriactivité, la sensibilisation à la transmission des exploitations, sont autant de domaines où les pouvoirs publics et la profession agricole doivent conjuguer leurs efforts pour renverser cette tendance de plus en plus inquiétante à la diminution des exploitations agricoles.

Ensuite, les outils économiques à mettre en place doivent faire en sorte que tout payculteur vive décemment de son métier, comme dans n'importe quelle autre profession. Le niveau du SMIC est la base de référence du revenu minimum. Il n'est pas ici question de transformer l'agriculteur en salarié, car il doit rester avant tout un entrepreneur et, à ce titre, doit prendre et assumer les risques de son activité. Mais les références socio-économiques doivent mettre en évidence que les prix de marché des produits et des services fournis par l'agriculteur permettent d'assurer en moyenne ce revenu de base. La régulation des marchés, les prix minimum, les contrats de production ou de services, les contrôles de concurrence, les soutiens en cas d'aléa, doivent concourir à l'obtention par l'agriculteur de son revenu minimum de sécurité.

Enfin, ce projet doit être accompagné d'une politique de recherche/formation/développement à la hauteur de ce qui a existé dans les années 1960. Une véritable dynamique peut être créée si l'outil formidable à disposition de l'agriculture française se met dans ce même mouvement de production et de transmission de références impulsant le développement des territoires ruraux.

A ces conditions, la réussite sera au rendez-vous du nouveau contrat entre l'agriculture et la société, comme cela avait été le cas à partir de 1960.

Épilogue

La crise de la politique vient de ce que, mise en cause, elle ne sait pas dire le prix de la non-politique. Elle n'ose même pas demander comment imaginer un monde sans politique. Elle plaide coupable pour obtenir le bénéfice de circonstances atténuantes. Pourquoi ces génuflexions et ces repentirs historiques sinon parce qu'elle n'est capable ni de dessiner un objectif ni d'affirmer un ferme propos *? Aux aveux, il faut préférer le* jamais plus *et les ambitions collectives.*

Le débat central n'oppose plus tant socialisme et capitalisme qu'il n'oppose les défenseurs de la société et de la nature aux militants d'un développement autonome, sans limite ni freins, de forces, dont le capital est le maître, dont une technoscience éperdue d'ambition est le moteur. Le débat n'est pas celui de l'appropriation de l'appareil de production, mais celui de la définition de ses objectifs. Il oppose ceux pour qui le profit est la fin à ceux pour qui la vie, celle de l'espèce, celle de la nature et celle des cultures, est la seule fin qui vaille, le profit étant un signe et un instrument utile. Combat sans compromis.

Edgard Pisani,
Une certaine idée du monde,
L'Utopie comme méthode.
Seuil, 2001.

L'agriculture est une activité qui ne peut se passer d'une politique forte, car, activité sous tension entre nature et culture, elle exprime à la fois la fragilité de la vie et celle de l'action humaine. Elle a besoin d'un sens : à la fois direction et signification.

Comme le rappelle Edgard Pisani, la non-politique a un prix !

Dans cet ouvrage, nous avons argumenté en faveur d'une politique agriculturelle. Celle-ci, seule à proposer un équilibre entre l'exploitation du milieu naturel et le développement socio-économique, représente aujourd'hui une véritable alternative à une politique agro-industrielle.

Cela ne veut pas dire que l'industrie agro-alimentaire n'a plus d'avenir dans cette perspective, mais son rôle se transforme. Dans une politique agriculturelle, ce sont les citoyens et les agriculteurs qui définissent ensemble le chemin à suivre. Dans une politique agro-industrielle, c'est l'industrie qui définit la politique. Ici, ce n'est plus la technoscience, *processus sans maître*, comme l'a pu dire Jacques Ellul, qui prime, mais la survie de l'espèce sur le long terme.

Les choix sont certes aujourd'hui plus ardus à opérer, l'objectif n'étant pas unique. Mais la société s'est grandement complexifiée et chacun doit apprendre à agir dans cette complexité. Certes, encouragés par l'industrialisation à réduire les aléas, les agriculteurs avaient un peu perdu l'habitude d'agir dans le compromis. Toutefois, l'action au sein des phénomènes complexes est dans la nature même de leur activité, et ils savent donc, mieux que d'autres métiers, gérer des situations complexes. Le défi de la complexité, liée aux nouveaux enjeux et à l'accroissement de leurs fonctions, n'est donc pas insurmontable pour eux.

Alors, engageons clairement toute l'agriculture française et européenne dans cette nouvelle voie agriculturelle. Faisons de cette utopie un combat, pour que l'agriculture retrouve à la fois ses fondements et sa dignité.

Postface

On ose à peine imaginer ce que provoquerait une grève internationale des travailleurs de la terre, si elle avait été possible.

Après la colère, l'indignation, voire les accusations de crime contre l'humanité, la pénurie alimentaire mettrait enfin en évidence la primauté de la terre nourricière comme l'un des bienfaits les plus indispensables à notre pérennité. Il est fort probable qu'un sondage auprès des citoyens révèlerait l'ignorance, l'indifférence voire le mépris à l'égard de la glèbe vitale. Quant à ceux qui tiennent cette glèbe et sont tenus par elle au nom de la survie de tous, ils sortiraient immédiatement de l'étrange condition de subalternes où ils continuent d'être relégués comme une catégorie sociale contingente.

Dans la configuration générale de l'organisation de la société dite avancée, la problématique de l'agriculture et de la paysannerie consiste en un épiphénomène parfois turbulent, revendicateur, en réalité très peu écouté, très peu compris.

Comment pourrait-il en être autrement dans un monde essentiellement édifié sur l'énergie combustible limitée et polluante, enjeu de grandes violences, et l'exaltation de la matière minérale morte. C'est ainsi que la civilisation énergivore est sans doute la plus vulnérable de toute l'histoire de l'humanité. Par ailleurs, les nécessités de l'industrialisation semblent avoir, avec l'urbanisation massive, appliqué le hors-sol à l'humain. Il en a fatalement résulté une rupture sans précédent avec la nature devenue étrange, étrangère, hostile pour certains et de plus en plus méconnue pour le plus grand nombre.

Ainsi, il nous paraît aujourd'hui difficile de traiter objectivement de l'agriculture sans la resituer dans le contexte d'une société et d'une écologie globale au sein de laquelle elle est responsable de grands bouleversements. Il faut en effet objectivement reconnaître que l'irruption de la chimie de synthèse et de la mécanique lourde dans l'art agronomique a certes permis de répondre efficacement aux besoins alimentaires du monde industrialisé et jusqu'à des excès

incontrôlables, mais n'a pas su éviter de produire sans détruire. Il n'est que d'examiner rationnellement l'état des sols, des eaux, l'appauvrissement de la biodiversité végétale et animale domestique et, patrimoine humain irremplaçable, la disparition graduelle des paysans en grande crise, pour s'en convaincre. A cela, il faut ajouter le déséquilibre alimentaire planétaire entre les pléthores au nord assurant la sécurité quantitative mais avec les risques d'insalubrité, et les insuffisances au sud allant jusqu'à des famines de plus en plus chroniques, pour mesurer l'ampleur de l'enjeu, le tout, au nord comme au sud, sur fond d'incertitudes climatiques et météorologiques. Il n'est pas exclu qu'une conjonction de facteurs négatifs puisse être un jour responsable d'une pénurie alimentaire mondiale sans précédent.
C'est ainsi que les références les plus éclairantes que Philippe Prévost a eu le mérite de réunir, la chronologie qu'il a restituée avec la progression balisée d'une aventure entre humain et nature constituant l'épopée la plus importante de notre destin, n'est pas seulement pour nous instruire ou nous divertir.
L'aventure agronomique est aujourd'hui dans une transition où il convient de prendre impérativement des résolutions et des orientations décisives pour le futur. A ce propos, je regrette que Philippe Prévost n'ait pas insisté sur la nécessité absolue du choix d'une agriculture qui cesse de détruire, pour concilier sécurité, salubrité alimentaire et sauvegarde des patrimoines nourriciers que nous avons le devoir de transmettre, non seulement intègres mais améliorés.
Peut-être faut-il en l'occurrence que le contrat agriculturel ne se borne pas à une sorte de convention entre deux parties mais suggère la liaison entre notre évolution et celle du courant vital originel dont nous dépendons objectivement et indéfectiblement.
Pour toutes ces raisons et d'autres encore, il nous paraît indispensable que le futur paysan, comme tout praticien de la terre, soit investi de valeurs telles que la responsabilité d'un intendant éclairé, la sensibilité du poète, le savoir du scientifique, la maîtrise de techniques non préjudiciables à la chose vivante, etc. A travers ce praticien nourricier, c'est tout le genre humain qui serait invité à se mettre en concordance avec une réalité dont il est, selon nous, le sujet et non le souverain

autoproclamé qu'il prétend être. S'agit-il alors d'un contrat, d'un pacte, d'une alliance ?
Quoi qu'il en soit, merci à Philippe Prévost de son travail historique, pédagogique et des suggestions politiques qu'il nous fait. Avec *Une terre à cultiver, pour un contrat agriculturel*, nous avons en main, rassemblés, ordonnés et mis à jour aujourd'hui, les éléments d'une problématique majeure. Il appartient à chacun, à partir de sa position et de son niveau de responsabilité, de participer à l'indispensable ajustement d'un savoir et d'un savoir-faire générateurs d'une dimension non tangible, nourrie de l'esprit et du cœur, que l'on appelle Culture.

Pierre RABHI

SOMMAIRE

Page

Achevé d'imprimer par Corlet Numérique - 14110 Condé-sur-Noireau
N° d'Imprimeur : 789830 - Mars 2018 - Imprimé en France

www.ingramcontent.com/pod-product-compliance
Lightning Source LLC
LaVergne TN
LVHW010916051026
849532LV00003B/714